The Unique World

方 寸

方寸之间 别有天地

〔日〕杉本裕明———

著

ルポ
にっぽんのごみ

垃
圾去
哪
了

日本废弃物
处理的
真相

暴凤明————译

社会科学文献出版社
SOCIAL SCIENCES ACADEMIC PRESS (CHINA)

RUPO,NIPPON NO GOMI

by Hiroaki Sugimoto

©2015 by Hiroaki Sugimoto

Originally published in 2015 by Iwanami Shoten, Publishers, Tokyo.

This simplified Chinese edition published 2021

by Social Sciences Academic Press, Beijing

by arrangement with Iwanami Shoten, Publishers, Tokyo

目 录

序　章

日本的垃圾

垃圾减量的关键在分类
德岛县上胜町的 34 项垃圾分类

关于垃圾的基础数据

根据环境省的调查，日本一年产生的垃圾（废弃物，即由日常生活产生的家庭垃圾和来自商店、办公楼的生活办公垃圾构成的一般废弃物）共有 4487 万吨（2013 年度）。其中包括町内会[1]等地方组织在固定时间和地点对废纸进行回收，并将其提供给专业垃圾回收者的集团回收量。

工业生产中产生的工业废弃物达到 3 亿 7914 万吨（2012 年度）。工业废弃物的处理一般由企业法人负责。

一般废弃物的处理由市町村特别区[2]（以下简称"市町村"）负责。最近，对垃圾袋开始收费，并将其作为部分垃圾处理费的市町村逐渐增多。

图 1 是一般废弃物的总排放量、每日人均垃圾排放量、垃圾循环利用率之间的变化关系图。

战后至今日本全国垃圾排放量不断增加，如图 1 所示，2000 年度达到 5483 万吨的峰值。各地方自治体不断忙于建设焚烧设施，以及用于掩埋燃烧灰烬和不可燃垃圾的"最终处理场"。

由于经济低迷，以及地方自治体和相关业者开展的垃圾循

---

1 町内会是市町村之下的基层自治组织，一般为传统街坊的居民自治组织，不属于行政机构范畴。——译者注
2 市、町、村、特别区是日本的基层地方行政单位。——译者注

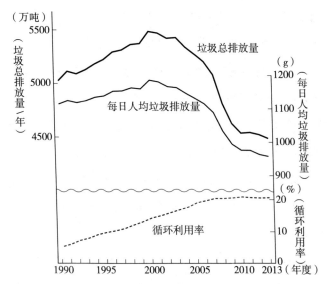

图 1　垃圾（一般废弃物）排放量与循环利用率之间的关系
资料来源：根据环境省公布的数据制成。

环利用及采取减少垃圾的行动，使垃圾总量有所减少。2013
年度排放总量为 4487 万吨，和顶峰时相比减少约 20%。其中
包括家庭垃圾 2917 万吨，生活办公垃圾 1312 万吨，集团回
收量 258 万吨。约四分之三的垃圾是通过焚烧设施处理的，焚
烧量于 2001 年度达到 4063 万吨的峰值，2013 年度为 3373
万吨，呈减少趋势。

　　循环利用率，即废纸、聚酯瓶等可再生资源占垃圾总排
放量（垃圾排放量与集团回收量的合计）的比率，2013 年度

为 20.6%（图 1）。该数字从 1990 年度的 5.3% 开始上升，2007 年首次超过 20%，之后没有太大波动。

另外，各地方自治体之间的垃圾循环利用率有较大差异，循环利用率最高的自治体有：人口不足 10 万的鹿儿岛县大崎町（80.0%）、人口 10 万以上但不足 50 万的东京都小金井市（52.4%）、人口 50 万以上的千叶市（32.3%）。

循环利用率不仅是垃圾处理的数值，还是衡量是否将垃圾资源充分再生利用的一项指标。因此，各地方自治体争相提高垃圾循环利用率。

根据环境省的调查，工业废弃物的排放量是一般废弃物的 8 倍以上，其中包括污泥 43.4%、动物排泄物 22.5%、瓦砾类 15.5% 等。总量中可再生利用量占 54.7%，污泥做去除水分的减量化处理量占 41.8%。不同于家庭垃圾，工业垃圾多是由易于可再利用的单一材质构成，因此其可循环利用率原本就相对较高。

那么，我们身边日常生活中的家庭垃圾是由什么构成的呢？很多地方自治体每隔几年就会开展一次垃圾袋开封调查，以查明垃圾构成。

图 2 是 2010 年度东京都杉并区的调查结果。被送到焚烧处理场的可燃垃圾主要由厨余垃圾、纸类、塑料类、草木类、

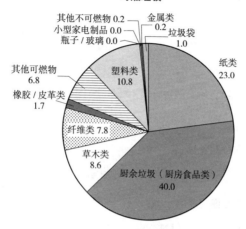

可燃垃圾

其他不可燃物 0.2
小型家电制品 0.0
瓶子/玻璃 0.0
其他可燃物 6.8
橡胶/皮革类 1.7
纤维类 7.8
草木类 8.6
塑料类 10.8
金属类 0.2
垃圾袋 1.0
纸类 23.0
厨余垃圾（厨房食品类）40.0

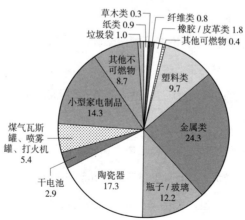

不可燃垃圾

草木类 0.3
纸类 0.9
垃圾袋 1.0
其他不可燃物 8.7
小型家电制品 14.3
煤气瓦斯罐、喷雾罐、打火机 5.4
干电池 2.9
陶瓷器 17.3
纤维类 0.8
橡胶/皮革类 1.8
其他可燃物 0.4
塑料类 9.7
金属类 24.3
瓶子/玻璃 12.2

图 2　家庭垃圾的构成（2010 年度，杉并区，单位：%）
资料来源：杉并区官网主页

纤维类垃圾构成。填埋处理的不可燃垃圾主要有金属、陶瓷器、小型家电制品等。

垃圾构成会随着时代的发展而变化。在对容器包装塑料进行循环再利用之前，塑料垃圾的比例很高。如果只看可燃垃圾数量变化的话，就会明白厨余垃圾和纸张的循环再利用是多么重要。

垃圾处理的相关法律

在垃圾处理的若干法律中，最重要的一部是《废弃物处理法》（正式名称为《关于废弃物处理及清洁的法律》，1970 年制定，见图 3）。"本法律旨在通过减少废弃物的排放，促进废弃物的正确分类、保管、收集、搬运、再生、处理，以及维护生活环境清洁，达到保护环境和提高公共卫生的目的。"（第一条）废弃物分为工业废弃物（20 种）和其他一般废弃物，工业废弃物的处理由排放企业法人负责，一般废弃物的处理由市町村负责。

此法包括了国家、自治体、相关从业者、市民的责任义务，以及垃圾处理行业的认定与处罚规则等废弃物处理相关的所有规定。但在 1991 年之前，公众普遍没有减少垃圾排放（reduce）与循环再造（recycle）的意识。1991 年为推进资源的有效利用，以《再生资源利用促进法》（正式名称为《促

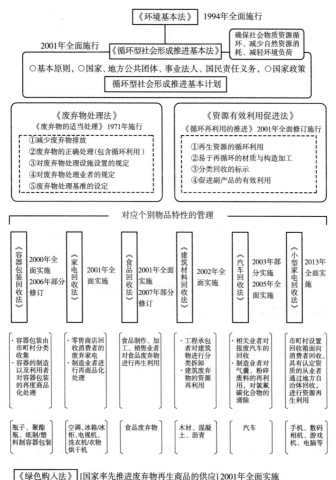

图3 推动循环型社会形成的法律体系

资料来源：根据《环境白皮书》（平成21年版）等制作

进再生资源有效利用相关法律》，现名《资源有效利用促进法》）的诞生为契机，政府也开始制定垃圾分类与循环利用的方案。

如图3所示，《环境基本法》（1994年全面施行）位于最上端，下端是被视为基本框架法的《循环型社会形成推进基本法》（2000年制定）。该基本法体现了循环型社会的理念与基本框架，其下位还配置有《废弃物处理法》和《资源有效利用促进法》（正式名称为《促进再生资源有效利用相关法律》）。

但是，实际上基本法的效力不及这两部下位法律。例如，《资源有效利用促进法》规定了应当进行资源化处理的10个行业和69个商品种类，将其作为企业的责任义务。电脑的回收再利用也是如此，消费者在购买时的付费包含了日后的回收费，报废时由制造商负责免费回收。

个别回收法的规定

为推进垃圾循环利用，对塑料、纸质容器包装，电视机、冰箱等家用电器，汽车、食品废弃物等分项制定具体的循环回收法律是日本的一大特色。制造商有负责回收再利用的义务，具体方式方法在不同法律中有不同的规定。

《废弃物处理法》规定将所有被丢弃的不再使用的物品视

为废弃物，从运输方法到处理方法的各个环节做了详细的规定，却也给循环回收带来很多不便。因此，在针对个别废弃物的回收法中，作为特例措施，会取消对资源性可再生垃圾在运输、处理过程中的某些限制。

下面对个别废弃物的相关循环回收法加以简单说明。

《容器包装回收法》（正式名称为《促进容器包装分类收集与再商品化相关法律》）规定，聚酯瓶、塑料制容器包装等由各市町村分类收集，移交给由容器包装制造和销售者（容器制造商、饮料制造商、超市等）组成的公益财团法人——"日本容器包装循环再利用协会"（以下简称"容器包装回收协会"）。该协会按照垃圾种类和地方自治体分类招标，由中标的相关业者负责垃圾循环再生作业。处理费用由被称为特定事业者的容器包装制造和销售者交付的委托金组成。

该法律针对的是一般消费者家庭排放的容器包装，而那些由自动售货机、超市产生的聚酯瓶废弃物，以及工厂产生的工业废弃物不在此法律规定范围内。

《家电回收法》（正式名称为《特定家用电器再商品化法》）针对空调、电视机、冰箱/冰柜、洗衣机/衣物烘干机等四类家用废弃电器，法律规定了销售者和制造商的回收义务。

消费者在报废家电制品时，在电器商店购买"回收券"，制造商将购买者的付费用于回收再利用。同时，法律规定了制造商应完成的循环回收比率，以及处理商品中氯氟碳化合物的义务。

《食品回收法》（正式名称为《促进食品循环资源再生利用相关法律》）要求食品生产业者控制、减少食品废弃物，并实现再生利用。设定"再生利用实施率"（垃圾减少量与垃圾回收量的合计值除以垃圾减少量与垃圾总量的合计值），规定食品废弃物排出量在 100 吨以上的企业必须提交报告书。

另外，分别设立两项制度——针对将食品废弃物进行肥料化处理的相关业者的"再生利用事业者注册制度"，针对食品废弃物排放业者的"再生利用事业计划认定制度"，这两项制度以特例的形式免除了《废弃物处理法》中的部分限制性规定，以此支持相关业者。

但是，家庭排放的垃圾不在此法律规定范围内。

《建筑材料回收法》（正式名称为《建筑工程材料再生资源化等相关法律》）规定，在一定规模以上的拆毁工程、新建工程、装修工程中，从业单位有义务按照混凝土、混凝土混合铁质建筑材料、沥青混凝土、木材的分类对建筑物进行拆毁和资源循环利用。

《汽车回收法》(正式名称为《报废汽车再生资源化等相关法律》)规定,用户在购买新车时要预支回收费,由各个制造商组成的公益财团法人"汽车回收循环再利用促进中心"负责这部分资金的管理和使用。汽车报废时,各制造商利用回收费进行回收循环处理。制造商有义务对车载空调中的氯氟碳化合物进行处理,并对气囊、零部件进行回收处理。

《小型家电回收法》(正式名称为《促进报废小型电子机械等再生资源化相关法律》)对《家电回收法》框架之外的小家电产品做了相关规定,其中包括手机、数码相机、游戏机、微波炉等28种,同时家用大型按摩椅和跑步机也归入其中。

地方自治体从消费者手中回收小家电后,交由有资质的相关业者处理,经过炼钢厂等专业设备提炼稀有金属和贵金属,进行再循环利用。市町村决定回收工作的具体方式、过程,以及回收商品的种类。消费者无须承担任何费用。但是,为了不增加地方自治体的费用负担,多数情况是由消费者自行将商品放置到回收箱等公共设施处。

《绿色购入法》(正式名称为《推进国家调配环境物品相关法律》)规定了国家机关、独立行政法人有制定和公布推动可循环再生等环境友好型物品购入方针的义务,同时规定了地方自治体有在这方面不断改进的义务。

　　在了解了以上关于垃圾基本知识的前提下，让我们详细考察分析垃圾循环利用与处理的方法。首先，我们来看家庭排放的垃圾是怎样被处理的。

第一章

垃圾去哪了

生态水泥加工设备将焚烧灰制成水泥（东京都日出町）

容纳 900 万人垃圾的东京湾垃圾填埋场

东京湾最深处的江东区坐落着一座约 600 公顷的人工岛。从高处的展望台环顾四周，荒废的土地尽收眼底，新的垃圾填埋场一直延伸到海边。这里就是专门填埋由居住在东京都 23 个区的 900 万人产生的垃圾焚烧灰的处理场。垃圾经过焚烧等中间环节，在这里进行最后一步填埋，因此也被称为"最终处理场"。

海岸的一侧，在被称为"新海面处理场"的焚烧灰填埋场的一角存放着 920 吨放射性废弃物。堆放有二三层大型集装袋，上面盖有防水材料，由于大量焚烧灰被填埋地下，地面已经高高隆起，在高台上看不到这些装有放射性废弃物的大型集装袋。"放射性废弃物"是指，在福岛第一核电站事故中被核污染的废弃物和下水污泥被焚烧后产生的焚烧灰，其中含有的放射性物质铯每公斤超过 8000 贝克勒尔的辐射。管理型垃圾处理场（为避免填埋物通过渗出水污染地下水，专门配备有防水材料，以及集水设备和污水处理设备）不能长期储存放射性废弃物，只能对这些核废弃物进行"临时保管"。然而，在找到其他合适的处理方案之前，将其移走的可能性为零。东京都23 区清洁联合事务行政工会干部对笔者讲："周边没有住宅区是将放射性废弃物存放在这里最好的理由。这里是东京都内最安全的保存场所，就这样放在这里比较好。"

展望台下面，垃圾回收车载着一车车不可燃垃圾驶入，铲斗车在一旁盖土填埋。不可燃垃圾中，除了陶瓷器、玻璃，还混有大量用于容器包装的塑料。因为东京都 23 个区中只有一半可以在当地进行塑料回收处理。

焚烧灰从清洁焚烧处理场运至此处，不可燃垃圾经过附近的破碎设备处理，完成金属回收之后也被运到这里。周围可以看到排放瓦斯的管道，疏导地下有机垃圾发酵后形成的沼气。沼气被认为会造成高于二氧化碳 20 倍以上的温室效应。由于会附着食物残渣，2008 年便禁止了在这里填埋容器包装塑料，但地下已经填埋的还会持续形成沼气。

这座人工岛以纵横东西的中央防浪堤为界，分为已经填埋完成的防浪堤内侧填埋人工岛和防浪堤外侧填埋处理场。填埋垃圾修建人工岛从防浪堤内侧开始，1973 年至 1986 年共填埋了 1230 万吨垃圾。其间在防浪堤外侧也开始进行垃圾填埋，1998 年开始进一步向外扩展修建新的海面处理场。过程宛如一只变形虫在不断蚕食东京湾。由于垃圾填埋地的地基不好，所以只能将地面设计成公园，展望台所在地的地下填埋有近 30 米高的垃圾。

庞大的垃圾处理场可以视为"焚烧后填埋"这一过去垃圾

处理政策的遗留物。随着垃圾量的直线上升，国家出现了大量垃圾为患的危机感，于是诞生了将首都圈各自治体的垃圾运到对岸的千叶县进行填海造岛的构想，但这一计划因千叶县的反对而告终。

2013 年度，东京都垃圾处理场填埋了 53 万吨废弃物。其中家庭、办公楼产生的垃圾，包括焚烧灰和不可燃垃圾共计 36 万吨。这里曾经每年填埋超过 300 万吨垃圾，泡沫经济破灭后，垃圾量从 90 年代开始减少，而随着垃圾循环利用政策的引导，数量进一步减少。尽管如此，根据东京都公布的计划，截至 2026 年，将有 985 万吨废弃物在此填埋。

约有 88 万人居住的世田谷区是东京都 23 个区中人口最多的一个区，该区非常依赖这个垃圾填埋场。家庭垃圾由区内业务工会管理的清理工厂焚烧，并将焚烧灰运至东京湾。

23 个区的可回收垃圾根据种类不同而被送往不同的地方进行回收处理。2014 年时，空瓶被运往福岛县天荣村和川崎市的再生工厂，聚酯瓶被运往川崎市和栃木县鹿沼市的工厂，白色餐盘被运往茨城县八千代町的工厂。2013 年度资源垃圾的循环利用率几乎和 10 年前持平，为 21.4%。很多自治体由于"没有区内处理设施，搬运费过高"（清洁、回收部门）等原因，无法对容器包装塑料进行充分回收，对再利用也不重视。

23 个区的循环利用率平均为 18%，低于全国平均水平。之所以会出现这种现象，是由于大家普遍抱有一种安心感，即认为巨大的垃圾处理场可以无限地收纳垃圾。

然而，同样在东京都内约有 400 万人居住的多摩地区，情况却完全不同。

不再填埋焚烧灰，而是用其制造水泥的多摩地区

从东京西 JR 青梅线的东青梅站乘车出发，20 分钟后便可看到遮天蔽日般的巨大厂房设施。高 59 米的烟囱下，水泥加工厂的烧制炉在缓慢地转动，这里是东京多摩广域资源循环联合会的生态水泥加工厂。

这个工厂于 2006 年启动，是日出町二塚处理场的一部分。这里是府中市、武藏野市等 26 个市町的家庭垃圾焚烧灰和不可燃垃圾的最终处理场，极少一部分不可燃垃圾被掩埋，其余的几乎都在这里经过循环再加工处理制成水泥。

工厂以公设民营的方式运营，即联合会拥有这些设施，"太平洋水泥"和"荏原制作所"两家公司负责设施的设计、施工、运营、销售，建设费为 259 亿日元。这是一项包括 20 年间的维修管理费在内，总额高达 867 亿日元的大型项目。联合会的太田哲郎参事表示："多亏了这个工厂，使占填埋物大半

的焚烧灰的存量减少到零。"

东京都最终处理场不接受来自多摩地区的垃圾。将二塚处理场的填埋空地占满之后,很难找到合适的地方再修建新的处理场,制造生态水泥便成为如此制约下的最终选择。

焚烧灰先经过干燥器去除水分,再通过破碎机将金属取出,之后与石灰石和铁混合,在高 62 米,直径 4 米的烧制炉中高温烧制,加入石膏,最终形成颗粒状的生态水泥。2013年被运到这里的 7.7 万吨焚烧灰实现了全部循环再利用,被填埋的只有 1400 吨不可燃垃圾。处理场总容量有 250 万立方米,因此几乎可供永久使用。

但是,实现这一成绩的过程却十分曲折。

联合会于 1984 年在日出町修建了谷户泽垃圾处理场,处理回收 26 个市町的垃圾,但进入 1980 年代后半期,随着垃圾处理量的增大,修建第二个垃圾处理场逐渐成为一项迫切的需求。进入 1990 年代,联合会想修建二塚处理场,却遭到了当地居民的强烈反对。东京都政府强制征收了当地居民用于环境保护运动的一部分森林和土地,建成了新的垃圾处理场。但抗议运动从未停止,并成为全国 300 件围绕修建垃圾处理设施的抗议运动的代表。联合会吸取这些教训,为了确保处理场不至于超载,修建了生态水泥加工厂,在减少垃圾排放的同时,大力开展回收与循环利用处理作业。

2013 年度多摩地区自治体的垃圾循环利用率平均为 37.5%，约是 23 个区平均值的 2 倍，其中小金井市高达 52.4%，在全国 10 万至 50 万人口自治体中排名高居榜首。

垃圾循环利用率达到 41.0% 的府中市，在不久之前，市区里还设置了 1.5 万个垃圾回收箱。这些铁质的大型垃圾回收箱不透明，由于"什么都可以往里扔"而深受市民的欢迎。但是，自从焚烧设施所在地稻城市强烈要求府中市减少垃圾排放量之后，府中市开始撤销垃圾回收箱，实施对垃圾袋收费，以及对各个家庭、住宅区进行挨家挨户上门回收等措施。生活环境部部长今坂英一回顾说："几乎每天召开说明会，工作人员全体出动向市民呼吁减少垃圾排放量，并积极推进关于垃圾循环再利用的各种宣传工作。"

但是，用于循环再生的垃圾往往被运输到不同地方，而且运输距离较远。比如，2014 年时，聚酯瓶运往长野县饭田市，容器包装塑料运往川崎市昭和电工公司。无色和茶色瓶子运往茨城县龙崎市，其他有色瓶子运往爱知县岩仓市制瓶工厂。荧光灯和纽扣电池运往位于北海道北见市野村兴产公司的"Itomuka"矿业所。废纸在废纸批发府中营业所进行鉴别和压缩后，送往国内外造纸厂。

焚烧灰成为四处"被嫌弃的东西"

目前大部分自治体都拥有焚烧设施，但不能保证每个自治体都有自己的垃圾最终处理场，于是有很多异地的民营企业参与到垃圾处理工作中。然而一旦发生纠纷，造成垃圾废弃物无法运输到指定地区，重新寻找接收地成为一个很大的难题。

千叶县松户市就是其中一例。笔者访问松户市和名谷清洁中心时，发现了大量的大型集装袋，其中保存着 20 吨被核污染的飞灰（烟囱排出的含有大量有害物质的烟灰）。

之前松户市焚烧设施排出的焚烧灰和飞灰都是运往秋田县小坂町的"Green Fill 小坂"公司处理。2011 年 3 月福岛第一核电站发生核泄漏事故后，大量放射性物质扩散至关东地区，被污染的家庭垃圾在焚烧后又进行了浓缩处理。同年 6 月环境省规定，辐射量超过 8000 贝克勒尔的焚烧灰不可以在管理型垃圾处理场填埋。出于谨慎考虑的松户市检测发现飞灰中铯的含量超过 4 万贝克勒尔，于是紧急停止超标焚烧灰的运出，并与垃圾处理公司和小坂町联系说明。而由于信息没有顺畅传达，装满飞灰的集装箱列车已经发车，并在小坂町的垃圾处理场进行了填埋。之后，得知详情的秋田县和小坂町对松户市提出抗议，最终，松户市将深埋的飞灰挖出后进行回收。

但小坂町的愤怒并没有止息。小坂町废除了对松户市发放的焚烧灰废弃物输入许可。《废弃物处理法》规定家庭垃圾跨地域运输时，即使是民营企业的垃圾处理场，也必须与输入地的市町村政府部门达成协议。小坂町与松户市之间每年都签署、交换协议书。这个协议被废除后，一时之间松户市的垃圾没有了可安放之地。2012 年，松户市环境担当部设施担当室室长高桥义和先生对笔者表示："非常想修复破裂的信赖关系。"但之后该协议一直没有恢复。

松户市经过焚烧处理的 1.5 万吨焚烧灰，一直被运往位于小坂町、山形县、长野县、千叶县的四家民营垃圾处理场进行最终处理。据说小坂町撕毁协议之后，松户市的工作人员曾尽力奔走，努力维持与其他三家民营垃圾处理场的合作关系。"不能公开细节和企业名字。如果当地居民反对垃圾输入的话，就会给当地政府和企业带来麻烦"，相关负责人曾经对笔者这样表示。焚烧灰成了四处"被嫌弃的东西"。

从基板上提取贵金属和稀有金属

小坂町不仅是很多地区家庭垃圾的最终处理场，还有"都市矿山"之称，即这里回收处理国内外的各种资源垃圾，从废弃的手机、电脑的线路基板中回收贵金属和稀有金属。

町内的小坂矿山是"DOWA 控股"公司的发源地。这里矿产丰富，大量金、银、铜、铅等混合矿石被开采、精炼，有"黑矿"之称。在历史上，这里与足尾（栃木县）、别子（爱媛县），曾并称为"日本三大铜矿山"。但随着海外价格低廉的黑矿石的大量进口而失去竞争力。1975 年，这里建成湿式烟灰处理工厂，确立了从黑矿石中提取银、铜等金属的回收方法，积累了很多贵金属回收与循环再生方面的生产技术经验。1994 年矿山关闭之后，业务几乎全部转向金属回收与再生产。

在笔者参观"DOWA 控股"公司的子公司、经营精炼厂的"小坂制炼"公司时，关屋宇太郎总务科长为笔者进行了引导和介绍。走进正门后，左侧是高 15 米，直径 5 米的 TSL 炉（Top Submerged Lance）。经过 1300 度的高温将基板融化，利用比重、溶解温度、化学反应的不同，提取出除了大部分铜以外的金和银。不使用煤炭，而以粉煤为热源，便可将基板等回收原料进行精炼提纯。最后在电解车间回收纯度高达 100% 的黄金，通过铸模制成压延金属棒。

在电解车间里，工作人员均匀地搅拌水槽。有两个戴着安全帽的工人在昏暗的光线中抱着金灿灿的黄金棒走过。这些黄金棒经过刷子打磨、刻章之后被安全地保管在仓库中。贵金属科负责人佐藤司先生对笔者说:"最初来这里工作时,自己也觉得匪夷所思,利用手机可以制作出黄金棒,简直就是现代版的炼金术。"

最终制成的黄金棒长 25 厘米,宽 8 厘米,高 4 厘米,平均每根 12.5 公斤,拿在手上感觉沉甸甸的。

在这个工厂里,每个月生产 40 根黄金棒,每年生产 60 吨黄金,销售给东京的贵金属公司。日本国内现在仅剩的一座仍在开采的金矿山菱刈矿山(鹿儿岛县)每年只能生产约 7 吨黄金。"小坂制炼"公司的产量之所以如此之高,是因为平均每吨矿石只能提炼出约 40 克黄金,而每吨手机却可以从中提取出约 300 克黄金。

走进基板保存库,关屋先生告诉笔者,"这些都来自东南亚"。诺基亚手机全部装在大型集装袋里。不同的集装袋中装有电脑等电子产品的基板。不可否认,手机、电脑等电子产品中含有铬、铅等有害物质,但也是含有稀有金属和金、银等贵金属的"藏宝山"。这里不仅有亚洲、北美等国家进口的基板,也有大量国内消费者废弃的小型家电的基板。

虽然说垃圾等于废弃物,但其形态、处理方法千差万别。不久之前一直被焚烧、被掩埋处理的废弃物,如今可以通过再生回收，提取有价值的东西，或者转变为再生资源。但是，在诸多法律纵横的框架中，由国家、自治体、相关从业者，以及市民各方构成了光怪陆离的"垃圾世界"。

笔者在今后的时间里将会持续追踪"垃圾的去向"。

第二章

回收大国的真相

通过光学式分拣装置对塑料材质的容器包装进行分拣
（千叶县富津市）

1 聚酯瓶争夺战

回收界的优等生

聚酯瓶被称为"回收界的优等生"，可以回收再生制成鸡蛋盒、餐盘、纤维制品、塑料布等物品。围绕聚酯瓶这一资源的回收，经常爆发激烈的争夺战。

"北九州生态城"坐落于北九州市若松区响滩的垃圾填埋场。这里是聚集了回收汽车、家电、荧光灯等制品的全国最大规模的静脉产业基地（"动脉产业"指给制造业等提供制品的产业，即开发利用自然资源形成的产业；"静脉产业"指回收与再生利用废弃物的产业，即围绕废弃物资源再生化形成的产业）。

1997 年这一地区作为全国首批模范试点，被国家指定为"环保生态城"，与此同时，西日本地区也开始了聚酯瓶回收再生工程。"新日本制铁"公司（现在的"新日铁住金"公司）等 5 家民营企业与北九州市共同出资，制造颗粒状的，以及类似棉质品的再生原材料。年均 2 万吨的处理量，约占全国各自治体每年向容器包装回收协会输送总量的一成，堪称约 60 家聚酯瓶回收业者中的佼佼者。

运来的聚酯瓶，首先经过机器处理摘除瓶盖和标签，破碎后清洗、溶解、过滤去除异物，制成颗粒状和类似棉质品的再生原材料。颗粒状材料用于制作制服、领带等纤维制品，类似棉制品的材料用于制作防水布等。这种循环再生制作原材料的方式被称为"材料再生"。

鹿子木公春先生经历了新日铁公司技术岗位的磨砺之后，在新公司成立时出任社长。但是，他走过的轨迹并非一帆风顺。为了从政府手中拿到聚酯瓶而参加投标，市场行情往往狂涨暴跌，波动幅度很大，公司之间互相倾轧竞争，宛如战国画卷般的乱象持续了很久。

"这样下去，国内的资源循环将无法维持"，鹿子木社长坦言道。不仅九州地区，就连四国地区、中国地区（日本本州岛西部地区）的自治体也纷纷加入竞标，竞争异常激烈，新签约的自治体层出不穷。

表1显示了近年来冈山县地方企业在参与回收西日本聚酯瓶工程竞标过程中，与其他厂家之间的竞标情况。其中可以明显看出，冈山县地方企业与日本合纤工业公司（广岛县福山市）、内海资源再生系统公司（大阪市中央区）三方的激烈角逐，每年上演令人眼花缭乱的变化。

类似的争夺战在全国范围内同样存在。围绕争夺聚酯瓶的现象可以看出，由最初的从业者利用中标金额的钱进行回收再

表 1　冈山县内市町的聚酯瓶中标企业与中标单价

日元/吨

年度	2009	2010	2011	2012	2013	2014	2015
备前市	西日本聚酯瓶（-10501）	环境开发事业协同工会（-31770）	日本合纤（-53707）	日本合纤（-56507）	西日本聚酯瓶（-28501）	日本合纤（-65007）	内海资源再生系统（-26660）
美作市	西日本聚酯瓶（-11501）	日本合纤（-36600）	日本合纤（-53707）	日本合纤（-56507）	西日本聚酯瓶（-29501）	日本合纤（-65007）	内海资源再生系统（-26660）
总社市	正和清洁（-21000）	日本合纤（-36600）	日本合纤（-54507）	日本合纤（-56507）	西日本聚酯瓶（-29501）	正和清洁（-65000）	西日本聚酯瓶（-28111）
和气町	内海资源再生系统（-5124）	环境开发事业协同工会（-30970）	西日本聚酯瓶（-51501）	内海资源再生系统（-53245）	西日本聚酯瓶（-29001）	内海资源再生系统（-59098）	内海资源再生系统（-25880）

注1：回收业者付款得到聚酯瓶，因此中标单价用负值表示。2015 年度不含消费税。

注2：西日本聚酯瓶的正式名称为：西日本聚酯瓶回收再生株式会社。

资料来源：日本容器包装回收协会官网主页

生，转变为中标业者向自治体有偿购买聚酯瓶。平均中标单价从1997年度每吨7.71万日元开始不断下跌，2006年出现逆转，中标者要支付约1.73万日元。

中标者的中标单价每年也有很大浮动，2014年度平均中标单价为5.9226万日元，2015年度则为2.5286万日元。

容器包装回收协会所得金额，根据聚酯瓶的质量和数量，分配给地方自治体。2014年度约有102亿日元。

跌宕起伏的业界

川崎市的临海地区，同北九州市一样，于1997年被国家认定为"环保生态城"，这里集中了很多从事垃圾回收与循环再利用的企业。其中"pet refine technology"公司将聚酯瓶进行化学分解，再还原成生产聚酯瓶需要的树脂分子。生产过程由"瓶子"还原成"瓶子"，因此被称为"终极循环再生"，公司的厂房设施拥有每年2.75万吨的处理能力。

该公司的前身是2001年成立的"pet reverse"公司。2004年通过自主研发的PRT技术（IS法），*进一步开展聚酯

---

* 将用过的瓶子和服装产品化学分解为聚酯树脂原料，去除异物和色素，使其再聚合，将其重塑为质量与现有产品相同的高纯度聚酯树脂的技术以及完整的聚酯产品再利用系统。——译者注

瓶的回收再生业务。然而，由于生产成本较高，参与竞标能够确保的产量只有不过数千吨。

当时社长兼部长高井利明先生非常懊恼地对前来参观的笔者表示："明明拥有世界独一无二的技术，可以实现高效能的循环再生，却输给了材料回收。"

随着向容器包装回收协会的竞标变相成为一种有偿买卖，公司经营愈发陷入困境，2005年9月依据《民事再生法》进行了公司重组。之后虽勉强维持，但经营状况丝毫不见改善，最终于2008年6月申请破产。

然而，聚酯瓶大型生产商"东洋制罐"公司以"不想失去世界独一无二的技术"为由出资相助，于是便以"Pet Refine Technology"公司的形式再生。2010年夏天，笔者访问参观时，看到新公司正在积极稳步地发展。而且公司在聚酯瓶回收源方面的投入很大，维持了较高的生产率。宣传部门的负责人笑着对笔者说："包括孩子在内，每年的参观者人数达到1700多人次。"

虽然经营并不轻松，但是也有一些自治体高度认可由"瓶子"还原成"瓶子"的这一亲民的高新技术，从而单独与公司签约。其中东京都涩谷区2013年度提供了1049吨聚酯瓶。清洁回收科负责人表示："这种回收再生科技便于区内居民理解，非常好,我们今后会续约。"

自治体的聚酯瓶处理渠道

聚酯瓶的历史始于 1967 年,是美国杜邦公司开发的一项基础技术,主要用于盛放碳酸饮料。日本 1977 年时首次将其作为盛酱油用的 500 毫升容器,随后开始广泛使用,1982 年《食品卫生法》修正案正式将聚酯瓶认定为饮料容器。

起初日本国内将聚酯瓶限定生产用于 1 升以上容积的容器,业界不生产容积为 500 毫升以下的小型聚酯瓶,政府也不承认进口。但是,此举被海外国家批评有贸易壁垒之嫌,因此于 1996 年解除禁令,聚酯瓶的数量大幅增加。

从《容器包装回收法》制定两年后的 1997 年开始,自治体的垃圾回收工作逐渐正规化。对聚酯瓶以外的容器包装塑料进行回收的地方自治体数量达到全国自治体总数的 70%,参与回收聚酯瓶的自治体已超过 50%。回收业者从 1998 年的 28 家公司增加至 2014 年的约 60 家公司,处理能力也达到 42 万吨。

然而,自治体的收集量在 2007 年以后,便达到了 28 万吨至 30 万吨的峰值,被上交给容器包装回收协会的聚酯瓶约有 20 万吨。剩余部分或是委托地方废弃物回收业者组成的事业联合会,或是以单独竞标的方式确定处理业者(被称为"单独处理")。

以大阪市为例，分为 5 个地区各自进行投标。家庭垃圾减量科的工作人员表示："由于聚酯瓶、玻璃瓶和易拉罐是同时被回收的，因此交给那些可以一揽子接收并分别处理的业者是非常合理的。"同样，在以单独竞标的方式确定业者的东京都杉并区，垃圾减量对策科的工作人员表示："上交给容器包装回收协会时，标准非常严格，需要进行压缩等复杂处理。而我们把回收上来的瓶子原样交给回收业者，可以大大节省压缩和打包的成本费用。"

起初，垃圾回收工作很多是市町村委托给由一般废弃物回收与运输业者组成的联合会组织开展的。很多时候，聚酯瓶也同样由业者联合会卖给某家回收业者。

但是，环境省回收推进室表示："很多单独与业者（包括联合会组织）签订合同的自治体卖掉聚酯瓶后，并没有对处理方式和结果进行确认。可能有大量聚酯瓶被运到中国，且没有进行适当的处理。"同时环境省回收推进室要求各地方自治体将聚酯瓶全部上交给容器包装回收协会。

漂洋过海的聚酯瓶

"大都商会"（总公司位于东京）的"千叶工厂"位于千叶

县市原市。大量聚酯瓶在这里经过粉碎、清洗、去除异物、制成薄片等处理过程后，装进大型集装袋，从东京湾通过集装箱货轮运往中国青岛。

据说这些聚酯瓶将在"大都商会"的中国工厂里被制成纤维原料，或者在其他工厂中被制成领带、衣物等。1992年"大都商会"在中国设立分公司，在拥有5家日本国内回收工厂的基础上，在中国本土也开设了回收工厂，成为聚酯瓶和塑料回收循环再生领域的大型企业。营业科长张霞表示："公司也向首都圈的自治体购买聚酯瓶。经过回收再生的材料品质优良，得到了客户的高度认可。"

千叶县习志野市从2004年开始，每年向该公司出售约500吨聚酯瓶。2014年签约的成交价格是每公斤43.2日元。习志野市清洁中心的设施科科长平野诚一先生表示："最初将聚酯瓶上交给容器包装回收协会，后来由于抱着哪怕多卖1日元也好的想法，便开始单独销售处理。我们会派遣自己的工作人员到现场去确认制成品。"

到2013年为止，一直负责和市政府干部一同到中国工厂确认检验制成品的习志野市资源回收协会代表理事熊仓一夫先生表示："我们巡视了当地的纤维工厂，制成品质量过硬，没有在当地造成环境污染。"

受石油构成纯原材料的市场行情影响

中国对塑料的需求量非常大，据说原材料树脂，仅通过石油，即仅仅依靠纯净原材料提炼加工是不足的，有两成多需要通过塑料制成的再生原材料提供。

据贸易统计表明，2012 年一年由日本出口的聚酯瓶生产的再生原材料达到 41.1 万吨，其中大部分都面向中国大陆和中国香港。包含 PE（聚乙烯）和 PS（聚苯乙烯）等全部塑料制品在内，总共有 167.4 万吨，出口中国大陆和中国香港的就占了九成。根据一般社团法人"塑料循环利用协会"（2013 年从社团法人"塑料处理促进协会"改名而成）提供的材料显示，中国 2012 年聚酯瓶的再生原材料价格是每公斤 51.7 日元，不到纯净原材料价格的一半。

再生原材料价格往往会受纯原材料市场行情的影响。具体而言，会受原油价格，以及有纤维制品竞争的棉花市场价格的左右。市场坚挺的情况下，中国业者便以高价收购日本的聚酯瓶，日本业者也会倾向于保持较高的价位。

2008 年夏天，原油涨价导致纯原材料市场价格飙涨，再生原材料价格也相应上涨，若干回收企业陷入破产。9 月次贷危机爆发，纯原材料市场价格和再生原材料价格双双暴跌，直接打击了国内业者。为避免进一步受到中国市场的制约，容器包装回收协会理事木野正则先生表示："将每年一次的竞标改为每年两次，以分散风险。"2014 年平均中标单价为 1 公斤 59.2 日元，刷新了历史最高纪录。

在西日本开展聚酯瓶回收业务的鹿子木社长对此深表担忧："稳定的生产计划更加无法得到保证。确保零星点状的做法如同冒险赌博。"

旨在禁止出口的环境省

环境省认为，如果禁止地方自治体向境外出口聚酯瓶，由国内的回收业者承担回收工作，国内的回收再生事业将会得到进一步发展。

从 2013 年开始，在《容器包装回收法》修订过程中，由环境省中央环境审议会和经济产业省（以下简称"经产省"）产业结构审议会召开的联合会议讨论了以上问题。在 2014 年 7 月的联合会议上，环境省回收推进室室长庄子真宪在发放的资料中展示了两张照片，并解释说："这是同样使用过的聚酯瓶，经过国内技术处理后制成的薄片与经过国外技术处理后制成的薄片之间的对比，国外相关业者与日本国内业者之间在这方面存在较大技术差距。"

照片中不难看出，日本国内生产的薄片透明干净，而被认为是在中国生产的薄片内混有茶色、黑色、黄色等破碎物，显得很脏。于是，会议委员们开始对将聚酯瓶出口国外的地方自治体进行批评，NPO 法人爱知环境顾问协会副会长山川干子表示："原本很干净的聚酯瓶材料在海外厂商的技术处理下，竟然变成了这个样子，真是令人遗憾。"

但是，看到照片的回收业者却产生了疑问："海外带颜色的聚酯瓶再生薄片应该是以有色聚酯瓶为原料提炼的，而日本国内禁止生产有色聚酯瓶，所以海外聚酯薄片的原材料应该是欧美生产的有色聚酯瓶。"环境省表示照片是从环境省的调查报告书中引用的，但是笔者在环境省所谓的"调查报告书"中并没有找到照片，在之后的采访中，环境省回收推进室的工作人员也未能做出充分说明，只是表示："在什么地点，以什么样的方式拍摄的照片，我们自己也不是很清楚。"

出口的聚酯瓶大部分都是商业废弃物

环境省推测认为，自治体没有上交给容器包装回收协会，而是以单独销售的方式处理的约 10 万吨聚酯瓶中的大部分都出口给了中国。

然而，笔者找到了环境省委托咨询公司调查得出的报告书《控制废弃聚酯瓶海外流出，国内循环物量强化方策探讨业务调查报告书》（2012 年度）。报告书中指出，出口中国的聚酯瓶大部分都是从超市（批发商店）与自动售货机回收的商业聚酯瓶。

报告书结论认为："商业废弃聚酯瓶，（中略）大多被出口海外。选择出口海外的主要原因在于中间处理业者的普遍共识，即出口废弃聚酯瓶的流通价格比国内高，且需求量稳定。"

调查对象为 20 家业者，包括便利店 4 家，医院、企业、大学共 5 家，自动售货机业者 6 家，中间处理业者 5 家。即使可能会产生污染，大部分接受委托的废弃物处理业者也都倾向于高价出口海外。问卷调查表明，出口卖给海外比上交国内每公斤可以多赚 10~20 日元，这种"价格差"决定了大多数处理业者都没有拒绝出口的想法。

另外，在废弃物处理业者回收的聚酯瓶中，混杂着很多带着瓶盖，内有残余饮料的瓶子。这种情况是容器包装回收协会不能接受的，在其向自治体收取聚酯瓶时，会进行各项标准打分，而这种情况是会被拒绝回收的。

由聚酯瓶制造与使用业者组成的"PET 聚酯瓶回收推进协议会"声称：2013 年度日本国内共回收聚酯瓶 61.8 万吨，其中由自治体回收 29.2 万吨，回收商业系废弃聚酯瓶 32.6 万吨。

出口海外的聚酯瓶总共有 29.8 万吨。协议会推测其中从地方自治体流向海外的有 3.4 万吨。因此，可以进一步推测出口中国的大部分是商业聚酯瓶，但这一推测的根据并没有被提及。环境省将自治体出口聚酯瓶的行为视为一个严重问题，认为如果将大部分商业废弃聚酯瓶留在国内市场的话，无疑将会大幅缓解国内聚酯瓶的争夺，而且可以减少来自中国市场的制约。

同样作为联合会议委员的东京大学教授森口祐一提出："从环境负担的角度讨论是否应向海外出口废弃物的做法，无论结论如何，都无法避免会有所偏颇。认为哪种回收方式好，这是价值观的问题。不应仅仅讨论是否为了帮助国内回收业者而禁止海外出口，而应当对如何推动商业聚酯瓶的有效回收开展讨论。"

然而另一方面，"PET 聚酯瓶回收推进协议会"顾问近藤方人则认为："确实有一部分商业聚酯瓶流向海外了。但《容器包装回收法》是以自治体回收的聚酯瓶为对象的。因此，当前至关重要的是要让自治体单独处理的做法回归到《容器包装回收法》的框架内。"

自治体在收集、分拣、保存方面支付的巨额费用

根据环境省的估算，2010 年度各地方自治体，在收集聚酯瓶方面所花费用是 251 亿 7200 万日元，在分拣和保存方面

所花费用是 110 亿 3900 万日元，合计 362 亿 1100 万日元。自治体希望饮料制造商承担其中一部分费用，但协议会的近藤顾问反驳指出："法律已经明确规定了各方的义务，即市民分类丢弃，自治体收集，业者回收再利用。聚酯瓶属于有偿回收废弃物，自治体是获得收益的。"

2005 年国家审议会对《容器包装回收法》的修订展开讨论，经产省和环境省曾要求容器制造商和饮料制造商出资负担自治体分拣、保存聚酯瓶时产生的费用。

两部门在会议提出的中期报告中指出，"市町村的一部分，或者全部费用应由相关业者承担。"但该说法并不能说服业界，相关业者对这一报告提出了猛烈反击。

其中，尤其是"PET 聚酯瓶回收推进协议会"，以及由钢铁制造业界和制罐业界组成的"钢罐回收协会"，两个团体有很强的危机感。因为钢罐是由回收业者购买的，制造商无须支付任何费用。聚酯瓶中标单价近年来急剧下跌，负担金额也大为减少。据说两团体多次向经团联常务理事强烈反对中期报告。经团联接受了这一意见，并向环境省和经产省施加压力，结果在最终报告中要求制造商承担回收费用的规定被删除。

"钢罐回收协会"的酒卷弘三专务理事 2007 年表示："本来就是有偿回收，不能理解为什么自治体要我们承担费用。自治体的业务中存在很多铺张浪费现象，他们应该先削减自己的开支。"

　　之后，聚酯瓶回收也开始有偿化。

　　当然，制造商与自治体并非总是处于对立关系。饮料业界在聚酯瓶轻量化方面做出了很大努力，盛水用的 2 升聚酯瓶重量由 1994 年的 65 克减轻到 2014 年的 36 克，减轻了约 30 克，实现了节省资源和能源的效果。但是，聚酯瓶的生产量由 1995 年的 14 万吨增加到 2014 年的 60 万吨，轻量化带来的节能效果被抵消殆尽。

2 塑料的去向千奇百怪

杉并区容器包装塑料集中在千叶县

垃圾回收车缓慢地行驶在东京都杉并区狭长的道路上。清洁工熟练地将道路两侧的家庭垃圾袋放到回收车里。袋子里的容器包装塑料制品都很轻，包括拉面包装、点心袋子、洗发水瓶子、鸡蛋盒等各种容器包装。

垃圾回收车会将垃圾运至约 20 公里外的位于足立区的垃圾回收站，回收业者在那里清除垃圾中的异物，然后将其绑成长宽高各一米的大捆包。

这些捆包的去向有两个。一个是位于千叶县富津市专门进行材料回收的"MM Plastic"公司。另一个是位于千叶县君津市"新日铁住金"公司的"君津钢铁厂"。塑料经过炼焦炉内的化学反应，分解为焦炭、柴油等原料。这种通过化学反应实现改变物质构成的回收方式称为"化学回收"。

笔者走访了位于富津市工业基地的"MM Plastic"公司。这里非常引人注目的是 5 台德国制造的多功能分拣机（光学式分拣装置）。据说能够从各种塑料中分解出 PE（聚乙烯）、PP（聚丙烯）、PS（聚苯乙烯），从而确保可以制造出高纯度单一素材的再生原料。

　　捆包经过破碎机粗分割后，在流水线上被分成两列，光学式分拣装置在高速转动的两列塑料碎片上进行红外线扫射，利用风力回收 PE。剩余的塑料被再次分为两列，分拣装置依次将 PP 和 PS 回收。

　　最后残留的混合塑料，主要用于制造可供发电的 RPF（固体燃料）。

　　将分拣出的 PE 碎片，切割细碎并进一步清洗。反复分拣提纯，并经过脱水、干燥之后，由制粒机加工成小颗粒，销售给塑形加工企业。另外，高纯度的 PE 和 PP 用于制造可多次使用的循环托盘——"MMP Pellet"（1.1 平方米的四方形托盘）。

　　一般市场上常见的是由不区分材质的混合塑料制成的一次性托盘，承载重物使用一次后很容易破损。"MMP Pellet"的核心部分是由高纯度的再生原料按照一定比例混合制成，周边部分由质量稳定的工业废弃物塑料包裹，从而确保整体坚固耐用。

　　森村努社长自信地夸耀道："产品经过下落冲击强度测试检验，可以保证质量，与利用石油等一次能源制造的商品相比毫不逊色。不仅除去了废弃物特有的异味，而且可以根据喜好添加颜色。"

一次性托盘的单价约为 1000 日元，可循环托盘的单价则是其数倍之多。单一材料制成的再生托盘每公斤最高约 45 日元，价格是混合塑料制成的再生托盘的两倍以上。

该公司是"三菱商事"与"明治橡胶化成"两家公司共同出资于 2006 年成立的合资公司，之后经营处理工业废弃物的"市川环境工程株式会社"也出资加入。斥资 60 亿日元于 2009 年建成处理能力达到 3 万吨的大型设备。但是，2010 年由于招标制度变更，无法保证容器包装塑料来源，"三菱商事"和"明治橡胶化成"撤出，该公司成为"市川环境工程株式会社"单独运营的子公司。

森村先生是当时"三菱商事"派驻的员工，最终选择留在这家公司，"一起研制开发商品的伙伴都在这里，无法再回原公司了"，他说道。第二年，公司在容器包装回收协会的招标中成功中标，保证了 2014 年度 1.6 万吨的塑料回收物来源。

但是，如今森村先生担心的恰恰是作为回收费用的竞标单价逐年下跌的问题。倾注了巨额设备投资的公司如今却陷入经营困境。森村先生表示："希望相关部门能够在政策制度层面，对我们按材质分拣和再生的技术给予肯定和支持。"

每公斤近 200 日元的收集、分拣和保管成本

杉并区从 2004 年 4 月开始，在一部分区域内对容器包装塑料进行回收，2008 年度全面实施。2013 年度回收量达到 4452 吨，回收率达到 28.4%，这个数字在东京都 23 个区中是比较高的，人均垃圾产出量最少。负责回收的工作人员在幼儿园、学校开展了各种宣传说明会。

与此同时，令人头疼的是占一般财务预算 5% 的垃圾与资源处理费。2013 年度达到 87 亿日元，其中四分之一是用于回收再生的费用。

2011 年度容器包装塑料的收集、分拣和保管成本为每公斤 189.1 日元，聚酯瓶为 148.6 日元。可燃垃圾、不可燃垃圾的处理成本是 48.7 日元，成本相当高。"塑料轻，但占地空间大，收集运输与保管需要较高的费用。这笔费用如果由商品经营厂家负担就好了。"垃圾减量对策科科长林田信人坦言。

由于杉并区内没有分拣和保管的设施场地，运输到距离较远的足立区，成本进一步增加。

材料回收与化学回收

容器包装回收协会以投标的方式确定负责杉并区容器包装塑料回收的企业是"MM Plastic"公司和"新日铁住金"公

司，2014 年的中标单价分别是"MM Plastic"公司每吨 6.91
万日元，"新日铁住金"公司每吨 3.85 万日元。回收委托费由
容器包装塑料的制造和利用业者通过容器包装回收协会支付给
两家公司。两家公司的中标价格之所以会有如此大的差距，原
因在于，竞标时要将自治体上交给容器包装回收协会的回收物
总量的 50%，优先交由材料回收业者投标，而剩余部分由化
学回收业者投标。"MM Plastic"公司在材料回收业者中竞标
成功。

在材料回收过程中，需要将收集的容器包装塑料按照材质
区分，形成颗粒状再生原料，进而加工还原成塑料制品。这
种回收方式是一般居民所熟知的，但是需要大量人工，成本
较高。

另外，化学回收主要包括三种方法：之前介绍的"新日铁
住金"公司的炼焦炉化学原料化（在炼焦炉内同时投入煤炭，
生成焦炭、煤焦油、柴油、瓦斯）、高炉还原剂化（取代焦炭
和粉煤，在炼铁厂的高炉中充当还原剂）、瓦斯气化（塑料加
热后分解，作为制氨原料）。

最初，材料回收设施比较少，只有全部回收设施总数的一
成，因此大部分都是化学回收。"新日铁住金"（当时的"新日
本制铁"公司）、"JFE 钢铁"、"昭和电工"等几家代表性企

业最先开始投资设备，启动化学回收事业。

2000 年开始容器包装塑料回收不久，笔者走访了位于君津市的"新日铁住金"炼钢厂。总公司环境部负责人丸川裕之先生带笔者参观了分割容器包装塑料的处理设备，他强调说："塑料中混杂的氯乙烯具有腐蚀性，解决这个问题非常关键。"炉内氯乙烯中的氯遇到收集有害硫化氢的氨水，发生化学转移反应，因此对焦炭和炉中气体几乎没有影响。没有必要安装脱氯装置。

东京总公司的环境部部长小谷胜彦先生讲："减少二氧化碳排放可以有效抑制温室效应。对于钢铁制造商而言，今后每年 60 万吨的处理量绝非天方夜谭。"2000 年君津炼钢厂和名古屋炼钢厂各自出资 45 亿日元引进设备，八幡、室兰、大分等其他钢铁企业也纷纷效仿。

但是，事情总会有意外。废弃物处理业者看到容器包装塑料回收业务增加，于是纷纷开展材料回收。材料回收的优势在于设备费用投入不多，而且业者可以优先参与投标。

根据容器包装回收协会的统计，材料回收与化学回收所占的市场份额对比分别为，2000 年的 20.3% 和 79.7%；2006 年的 48.2% 和 51.8%，已经形成平分秋色之势。化学回收业者认为如此下去，废弃物回收市场会被材料回收业者独占，于是向容器包装回收协会提出抗议。协会规定从 2010 年开始，只有 50% 的市町村可以申请优先开展材料回收，以阻止材料回收的增长。结果，2014 年材料回收的份额为 50.6%，可以说基本保持了与化学回收的平衡状态。

在环境省和经产省联合审议会上，双方提出了针锋相对的意见。家庭垃圾收集与处理业者组成的"全国清洁事业联合会"提出"希望确保扩大材料回收"，一般社团法人"日本钢铁联盟"提出"应通过废除优先保护材料回收的做法，实现既能减轻环境负担，又能压缩社会成本的自由市场竞争"。但是，讨论一直处于没有交集的平行状态。

1 公斤只能卖 10~20 日元的再生原料

然而，材料回收也存在一些问题。回收企业利用 1 吨 6 万日元以上的处理费生产再生原材料，但由于产品质量差，1 公斤只能卖到 10~20 日元。

以前，笔者曾经在参观关东地区的材料回收工厂时，问道："再生托盘卖得出去吗？"针对笔者的问题，公司干部坦率地回答："不容易。有时 1 公斤连 10 日元都卖不到。"随后，他透露："我们是工业废弃物处理业者，接受来自塑料制品生产商的工业废弃物处理订单。在这种情况下，我们会销售再生托盘，用于弥补工业废弃物处理费打折的部分，维持账面收支平衡。再生托盘不太受欢迎，很多公司将其与一次性托盘一起使用，不会公开说明，因为担心客户会反感使用再生托盘。"

与聚酯瓶由PET（聚对苯二甲酸乙二酯）单一材质构成不同，很多容器包装塑料制品都是根据材质的主要特征混合其他材料构成的复合材质制品，如塑料袋的主要成分是PE，速食面碗的主要成分是PS，包装膜的主要成分是PP。

很多回收业者没有使用分解成单一材质的原材料，而使用混有杂质的再生原料，这很难制作出高品质的回收制品。因此，一般只能用于制造一次性托盘、花草容器，以及造景植物等。

在德国、法国等国家，分拣工厂规模比较大，通过高性能的光学式分拣装置分拣材料，制作出的高品质再生原料以较高价格在市场流通。已经有一部分开始用于汽车部件等工业制品的生产。

在日本，经过容器包装回收协会对参与投标的约70家公司所做的调查发现，能够对PE和PP进行分拣，并分别制造再生原料的公司只有七家。一些旨在实现高质量回收循环再生的业者组成了"高端材料回收推进协会"，"MM Plastic"公司便是成员之一，森村努社长提议："德国有统一的塑料制品标准，可以用于生产工业原料。日本也应该实现 JIS 化，朝着利用回收资源生产高品质工业原料的方向努力。"

材料回收的每吨平均中标价由 2010 年度的 7.4498 万日元下降到 2015 年的 5.9561 万日元。中标价下降的原因在于业者间的过度竞争。在容器包装回收协会的调查中显示，52 家公司的处理能力为 76.4 万吨，是实际接受回收物总量 34 万吨的约 2.2 倍。

与此同时，化学回收的平均中标价由 2010 年度的 3.8646 万日元涨至 2015 年的 4.4991 万日元，6 家公司的处理能力与实际接受回收物总量基本持平。

参与材料回收的公司苦于过度竞争，而化学回收由于参与企业少，反而能够实现营利。

推进制成品塑料的回收再生

塑料废弃物中有一部分是法律规定回收对象之外的，比如 CD 盒、水桶、玩具、文具等制成品塑料。于是，出现了将这些制成品塑料一同回收的地方自治体。

东京都港区的"港资源化中心"位于面对东京湾的品川埠头地区。接受港区委托的"港区回收事业工会"对塑料、瓶子、罐子、聚酯瓶进行分拣。

笔者访问资源化中心时，刚好看到一辆清洁车驶入。塞满塑料制品的垃圾袋被丢在地上，由6名工作人员打开袋子。里面混杂着各种塑料制品，包括：速食面盒、点心盒、CD盒、玩具、文具等。工作人员将制成品塑料装进大型集装袋。剩余的容器包装塑料，经过破袋机除去袋子之后，由操作员在流水线上取出异物，再经过压缩机压制成捆包。

吊车将装有制成品塑料的大型集装袋放置到二层的容器包装塑料流水线上，将二者混合制成捆包。一天之内，完成容器包装塑料捆包20个，制成品塑料与容器包装塑料混合捆包7个。

工会合作社所长代理玉田修二先生说："制成品塑料是硬质塑料，如果不与20%到50%的软质容器包装塑料混合的话，是无法捆包结实的。"

容器包装塑料捆包运往千叶县富津市的"MM Plastic"公司和川崎市的"JFE钢铁株式会社"，混合捆包运往川崎市"昭和电工"工厂，各自进行循环再生。容器包装塑料回收费用由生产商家承担，制成品塑料的回收费用由区自治体政府承担。

港区的一揽子回收计划开始于2008年10月。契机是东京都开始全面禁止填埋塑料制品，于是不得不改变塑料制品的处理方式，由一直以来不可燃垃圾的处理方式改变为可燃垃圾的处理方式。区内民众不断请愿表示希望不要将塑料制品燃烧，而是循环再生利用，最终武井雅昭区长制订了这一揽子回收计划。

当时，分拣和保管工作委托给区外的两家公司。2009年度在收集、分拣和保管方面花费总额达到8.2亿日元。平均每吨成本超过30万日元，高额的资金负担成为区议会讨论的重要议题。

于是，只对玻璃瓶和金属瓶分拣的港区资源化中心开始整备新的塑料分拣设施，2012年度正式启动。2013年度，容器包装塑料和制成品塑料总共收集2224吨，收集费用约为2.4亿日元，对玻璃瓶、金属瓶和聚酯瓶的分拣和保管所花费用约为1.4亿日元。与之前委托区外业者时相比，费用共节省了约3亿日元。

继港区之后，千代田区也于2012年11月开始一揽子回收计划。虽然2007年已经开始了对容器包装塑料的分拣回收，但"同样是塑料制品，区民不能理解和接受燃烧制成品塑料的回收方式"（千代田清洁事务所作业股长佐藤武司语），于是开始征集包括民间业者提出的各种针对制成品塑料的回收方案。

最后从众多提案中确定的方案为：由"户部商事"公司（东京都北区）将制成品塑料中含有的软质塑料 RPF 化，用于发电；硬质塑料由"MM Plastic"公司进行材料回收。

户部昇社长表示："材料回收成本高，但制作 RPF 成本低。我们决定去除硬质塑料中的异物之后，将其直接移交给其他单位，不进行进一步的压缩和捆包。"因此，足立区的"户部商事"在分拣塑料过程中，将容器包装塑料和硬质塑料运往"MM Plastic"公司，将软质的制成品塑料运往千叶县市川市的市川环境工程株式会社。尽管如此，477 吨塑料废弃物的分拣、保管费用约花费 3300 万日元，收集费用约花费 1.3 亿日元。总体而言，成本依然居高不下。

为了解决成本过高这一问题，有些自治体向国家申请希望可以作为特区处理。

秋田县认为如果将一揽子回收的塑料制品交给容器包装回收协会，自治体只负担制成品塑料的回收费用，这样将便于塑料制品回收工作的深入推进。即使没有按照港区采取的分拣两类塑料制品的做法，也可以降低成本。

于是，秋田县于 2012 年向环境省提出将自治体作为特区处理的申请。但是，环境省没有批准，理由是"生产厂商支付的回收费用可能会增加，在没有取得利益相关者同意的情况下，申请不能成立"。

名古屋市早在 2008 年就曾申请过特区处理。家庭一年间排放的 600 吨制成品塑料废弃物如果按照港区的回收方式，将花费 17 亿~19 亿日元，但如果上交给容器包装回收协会，回收费只需要花 5 亿日元就可以解决问题。但是环境省审批没有通过，名古屋市最终只得将制成品塑料废弃物作为可燃垃圾处理。

名古屋市资源化推进室室长蒲和宏先生愤怒地表示："环境省方面说'容器包装回收协会同意的话，我们就没意见'，而当我们去容器包装回收协会时，却被告知'环境省不认可的事情，我们是不能同意的'。为什么我们自治体的独立性得不到认同呢！"

因费用负担而不进行回收的东京都世田谷区和冈山市

有一些地方自治体对容器包装塑料废弃物采取不回收，而直接焚烧的政策。其中既有财政紧张的小规模市町村，也有大城市。

例如，东京都世田谷区的理由是"区内大部分都是住宅小区，无法确保可以保管和进行分拣垃圾处理的场所，而且费用过高"（干部语）。

世田谷区区清洁与回收审议会工作汇报（2006 年）做了详细说明："关于容器包装废弃物的处理，作为第一生产者的厂商尽可能减少排放是非常重要的。对于已经形成的废弃物，必须切实推进区民和生产厂商各自作为主体开展回收。以行政命令随意扩大分类回收的做法有可能使回收成本提升，并导致排放者责任的空洞化。"

冈山市对容器包装塑料回收再生利用的做法也持否定态度。

在冈山市垃圾处理基本计划（2012 年）中有详细说明："出于以下原因，决定当前对《容器包装回收法》中规定的塑料制品不采取分类回收的做法。一是在现行的《容器包装回收法》框架内，市町村在废弃物收集、搬运等方面负担太重，扩大生产业者回收责任的原则并没有得到充分体现。二是即使对《容器包装回收法》中规定的塑料制品进行分类回收，大部分也只能将被作为残渣处理，尤其是在材料回收方面，50% 以上将成为残渣。同时，经过材料回收再生的制品，也难以成为高质量再生用品，在现阶段无法确立高效率的回收体系。"

世田谷区和冈山市回收的容器包装塑料主要用于焚烧发电。

主张焚烧发电的学者

《循环型社会形成推进基本法》规定了垃圾处理的优先顺序，即首先是循环回收再生，其次是发电和热能回收。但是也有学者主张与其回收塑料制品进行再生利用，不如将其直接用于焚烧发电。

鸟取环境大学客座教授田中胜便是其中之一。田中教授最初是国立公共卫生院的废弃物工学部长，后转任冈山大学教授，并担任环境省中央环境审议会废弃物回收部会长。田中教授指出："适合回收的废弃物包括玻璃瓶、金属罐、废报纸等。而聚酯瓶更适合用于焚烧发电。因为容器包装塑料中混合有各种材料和异物，不适合回收再生。"

田中教授利用冈山县自治体的数据，对比塑料回收再生与塑料焚烧发电二者的节能效果，结论认为后者比前者节能20%以上。田中教授指出："回收再生利用的另外一个问题在于成本高。根据塑料循环利用协会对东京都23区中若干区所做的调查，可以发现回收成本平均是焚烧发电成本的3.5倍。从家庭垃圾中回收容器包装塑料制品，利用人工、机器进行分拣和保管，再经过回收设施切割、清洗后制成可再生品原料，全过程需要消耗大量能源和资源。应该利用焚烧设施，尽可能集中，大规模地实现高效能发电。"

但是，由于对容器包装塑料的处理方法不同，关于能源消耗量和二氧化碳排放量，塑料循环利用协会得出了和田中教授不同的计算结果——焚烧塑料发电所需能源消耗量和材料回收所需能源消耗量基本相同，而前者二氧化碳排放量却是后者的两倍以上。和化学回收相比，焚烧塑料发电造成的二氧化碳排放量高达 5.2~9.7 倍。

国家推进的"石油化学"

关于塑料回收的方法，《容器包装回收法》制定于 1995 年，当时，法律主管部门厚生省和通商产业省（以下简称"通产省"），在重点推进材料回收的同时，也非常重视化学回收，尤其是通过加热分解提炼轻油和重油的"石油化学"。

以 1970 年代的石油危机为契机，国家开始研究"石油化学"，但石油危机之后，研究也相应中断。随着《容器包装回收法》的制定，"石油化学"的相关研究得以重启。

厚生省和通产省为企业提供补助金，帮助企业修建示范工厂开展实践。接受通产省支援的塑料循环利用协会，在新潟市和"历世矿油"公司的协助下，在新潟市设立了"新潟塑料油化中心"。得到厚生省支援的财团法人"废弃物研究财团"（公益财团法人废弃物 3R 研究财团），在"新日铁""久保田"两家公司的协助下，在东京都立川市设立了油化示范工厂。"废弃物研究财团"在1994年的年度报告书中指出："目前产业化已经初见成效。"然而，1996年12月立川市示范工厂发生的火灾说明距离产业化还有很大的距离。翌年4月，新潟市的工厂也发生了火灾。

于是，两政府部门将《容器包装回收法》推迟了3年，于2000年正式实施。但是，其间化学回收领域却发生了很大转变。将塑料垃圾通过炼钢厂的炼焦炉进行化学原料化再生，以及化学厂商进行的瓦斯气化再生等新技术实现了成本的进一步缩减。

参与立川市示范工厂生产，负责前期处理的"新日铁"公司发现处理成本超过每吨8万日元，决定撤出生产。同时，示范工厂积累的前期处理技术转而用于将塑料制品通过炼焦炉实现化学原料化处理，确立了以化学回收为主的业务重心。

2000年《容器包装回收法》正式实施之际，国内有一些塑料炼油企业，但是聚酯瓶竞标价急速下跌，这些企业由于连续赤字而不得不退出市场。最终剩下的是位于札幌市的"札幌塑料回收株式会社"。这是一家由东芝、札幌市、三井物产合资成立的公司，2000年斥资52亿日元建成了工厂处理设施。

2004年笔者走访该公司之际，其拥有年处理能力1.9万吨的设备，可以与石油工厂相匹敌。札幌事业所所长若井庆治先生向笔者展示了一瓶刚刚提炼出的油制品，他骄傲地表示"这是不亚于一次性纯净能源的高品质再生能源"，但马上又沮丧地说："无论品质多好，由于成本太高，所以不能理想中标。哪怕仅仅确保札幌市的塑料制品全部由我们来回收就很好了，但现实是总被各种材料回收业者和炼钢厂抢走。压缩成本是有一定限度的，真不知道公司能撑多久……"

工厂附近便是札幌市废弃物回收基地，容器包装塑料捆包在这里堆积如山，据说是将要运往北海道内各个炼钢厂处理的。面对近在咫尺的原料却不能拿到，若井先生对此深感焦虑。6 年后的 2011 年，公司最终倒闭了。工厂被拆除，原厂房变成一片空地。

不被认同的焚烧发电

就在厚生省和通产省重视油化回收处理方式时，农林水产省（以下简称"农水省"）却极力推广焚烧发电的处理方式，双方开始交涉。承担回收费用的食品厂商纷纷支持农水省，目的是降低成本。笔者手头有农水省和厚生省的交涉记录，部分内容如下。

1995 年 4 月

农水省："目前有哪个与我国具有可比性的国家是不承认废弃物发电热能回收的吗?!""如果不承认废弃物发电热能回收，反而会消耗更多的能源，造成资源浪费。"

厚生省："如果是政策规定的东西，就应该属于'再商品化'的范畴。就外国而言，德国、法国是认可废弃物发电热能回收的""从来不存在否认废弃物发电热能回收的说法。"

厚生省在推动油化回收的同时，也在争取法律通过将塑料等家庭垃圾制成 RDF（垃圾衍生燃料），在焚烧炉中燃烧发电的回收方法。厚生省与对此表示反对的通产省进行了交涉。

1995 年 2 月

通产省："让厂商实施废弃物固态燃料化回收，以及最终的焚烧环节，实质上是将垃圾处理回收工作转嫁给了生产厂商。"

厚生省："新法案的主旨在于抑制废弃物排放，RDF 化是其中一项重要的热循环技术。"

最终，由于双方分歧，新法案没有通过。

之后，每次《容器包装回收法》修正案讨论时，利用塑料加固制成的 RPF 焚烧发电的相关业者团体都会提出立法请求。塑料的燃烧热量高达每公斤 6000~10000 卡路里。单纯燃烧塑料可以达到近 30% 的发电率。与将厨余垃圾一同燃烧的自治体垃圾发电相比，效率更高，二氧化碳排放量更少。

2010 年在环境省和经产省联合审议会上，东京大学教授森口祐一等专家展示了调查结果，他们将材料回收、化学回收、RPF 发电（焚烧发电）、家庭垃圾焚烧发电等回收再生方式做了对比，分析了二氧化碳排放量削减效果的不同（数值越大，效果越明显）。RPF 发电是 2.7，通过材料回收制成一次性托盘是 2.3，可反复使用的循环托盘是 2.6，高炉还原剂化是 2.0~3.1，炼焦炉化学原料化是 2.3~2.7，以上各项数值差异不大，但是明显高于瓦斯气化（1.5~1.7）和家庭垃圾直接焚烧发电（0.4）。

RPF 业者一直希望国家将 RPF 发电认定为一项容器包装塑料的回收方法，但由于材料回收和化学回收业者的反对而告终。

环境省干部表示："如果认可 RPF，成本将大幅下降，塑料废弃物也可以大量回收。但是，经产省不可能说服因此蒙受利益损失的冶铁业者和化工业者，而且 RPF 业者团体自身也没有什么政治影响力。"

森口祐一教授表示："混合了不适合回收的成分，以致增加成本和劳动力，这很难说是合理的。但是，如果轻易认可焚烧发电，回收的优先顺序结构将瓦解。应该将干净清洁的塑料制品通过材料回收实现提纯，将不适合材料回收的塑料制品进行化学回收、RPF 发电，以及焚烧发电。如何建立根据塑料的品质选择合适回收方法的框架是国家需要认真思考的。"

制成品塑料的回收

本田大作先生是"高端材料回收推进协议会"代表，同时也是环境咨询公司"RENOVA"的董事。2011 年他接受环境省的委托调研工作，对秋田县能代市 431 户家庭的容器包装塑料和制成品塑料一揽子回收，进行材料回收实验。结果证明，回收量增大，塑料的材质也有提升。回收成本每公斤 26 日元，相比较之前的回收方法（对容器包装塑料进行循环再生，对制成品塑料进行焚烧填埋）的成本每公斤 54.6 日元节省了一半。

本田先生表示："人口在 10 万以下，对容器包装塑料制品采取不再生利用政策的自治体与回收再生业者合作，可以在国家允许的情况下，由塑料制品生产者承担容器包装塑料处理费。如果这种制度可以成立，自治体的分类回收工作将得以推进。"

但是，要想实现这一目标，必须具备像"MM Plastic"公司那种高性能的分拣设备，能够快速分拣处理各种材质不同的塑料制品。地方自治体原本就已经苦于承担容器包装塑料的收集和保管费用了，如果连制成品塑料费用也让他们负担的话，负担较轻的企业和负担较重的自治体之间的不平衡有可能会进一步扩大。而且，如果产生新的回收费用，不向制成品塑料的生产和经营业者索取的话，容器包装塑料的生产和经营业者的利益就会相对受损。

如何推进塑料废弃物回收才能确保对环境有益，且高效节能，回收费用究竟由谁来承担，应该回到这些基本问题上开展进一步的讨论。

3 围绕回收的三角关系

在序章的图3中可以看到一个法律体系。《环境基本法》位于最上端，下端是《循环型社会形成推进基本法》，再下端是《废弃物处理法》和《资源有效利用促进法》。另外，还有各种容器包装、家电等根据具体物品分类的回收法。但是，从最上端的基本法到最下端的具体回收法并非一个带有统摄性的体系化系统。其中充满了政府中央省厅之间的"圈地"之争，以及利益相关者之间的妥协。最终形成一个松散的框架，各法律宛如一个个"独立王国"。

下面将以与日常生活息息相关的《容器包装回收法》《家电回收法》《食品回收法》为例，呈现法律背后国家、生产业者、市民三者之间错综复杂的纠葛关系。

被删除主要内容的《废弃物处理法》修正案

《容器包装回收法》是以德国和法国为蓝本设计的。法律框架接近法国，对象分类接近德国。

在欧洲，1994年欧盟会议和欧盟理事会通过了《包装与包装废弃物相关指令》，要求欧盟各国制订针对容器包装的回收计划。在此之前，1991年德国通过《包装废弃物回避相关政令》明确了生产业者在容器包装回收与再利用方面的责任。法国也于 1992 年颁布《包装废弃物相关政令》，规定由自治体收集废弃瓶子，生产厂商进行循环再生利用。这些国家都规定制造者承担回收的责任，目的是要从源头上抑制垃圾废弃物的产生。

当时日本废弃物增长速度也很快，填埋处理场的建设进度远远跟不上，社会上发生了严重的非法丢弃垃圾事件。减少废弃物排量成为一个紧急课题。因此，1991 年厚生省开始着手修改《废弃物处理法》。将抑制产生与再生利用纳入法律，开辟了回收循环利用之路。将市町村没有能力处理的大型家电等物品指定为"难以处理物品"，导入由生产制造者回收的制度。

但是，生产制造者对于这种回收责任表示强烈反对。最初法案规定回收义务的条文写得非常模糊——"为补充确保相应一般废弃物处理的顺利实施，市町村可向生产制造者寻求必要协助"（第六条第三项）。

1991 年春，通产省向国会提交了《废弃物处理法》修正案和《再生资源利用促进法案》。国会在讨论之后，很快指出了其中存在的问题。

1991 年 4 月，在参议院工商委员会会议中，清水澄子议员指出："德国也好，意大利也好，都根据垃圾的种类和排放源明确提出了具体的回收目标，如到哪一年玻璃达到百分之几，金属达到百分之几（中略）。日本也应该根据不同的种类和排放源制订回收目标和长期计划，并将已取得的阶段性成果汇总后向国民公布，（中略）实现再生资源的转化与利用，这是非常重要的。"对此，通产省布局公害局局长冈松壮三郎表示："确实应当最大限度地提高生产者对再生资源利用方面的投入。（中略）但是在保障生产者自由商业经营的基础上，考虑提高其对资源循环再生利用的责任时，（中略）在限定必要的范围内讨论难道不是更加现实且有意义的吗？"因此，讨论结果只起到督促生产者自主参与的效果，并没有实质强制力。

《容器包装回收法》的制定过程

厚生省在 1991 年修订《废弃物处理法》时，明确要抑制垃圾排放，促进循环利用，之后开始不断制定各种具体的回收法规。

1991 年之前，在讨论《废弃物处理法》修正案时，环境整备科科长坂本弘道向科长助理早川哲夫下达了"探究何为再生利用"的课题指示。早川哲夫前往德国和法国考察。当时两国正处于容器包装回收政策的筹备阶段。早川详细考察了德、法两国向循环再生社会大转型的做法之后，深刻认识到"如果日本也要实现这种社会转型的话，就要从容器包装回收工作开始"，早川将德法两国的情况向坂本科长做了汇报。《容器包装回收法》制定之后，容器包装回收推进室正式成立，早川哲夫成为第一任室长。

厚生省为了将《容器包装回收法》正式立法，积极动员审议会展开讨论。但与此同时，通产省却反对修改《再生资源利用促进法》。双方各自召开审议会讨论，1994 年 7 月通产省审议会提出意见报告，10 月厚生省审议会也提出一份报告。于是，围绕法案条目的设定，两部门开始了内部交涉。详情可参考笔者手头的会议记录。

1994 年 12 月 28 日，通产省向厚生省提交了一份文件，其中指出："（前略）向没有丢弃废弃物的一方强加废弃物处理的责任和费用是没有理论依据的。因此，即使在当前的包装材料回收体系下，生产者应承担的责任也仅限于将包装材料作为再生资源加以利用，让生产者承担消费者用讫的废弃物处理的责任和费用是不合理的。"

但是，翌年 1 月厚生省公布的提案中的主要内容是效仿德国，将所有容器包装塑料作为回收对象，而通产省公布的提案却只涉及修改《再生资源利用促进法》和仅对聚酯瓶进行回收的要求。双方分歧很大，但进入 2 月之后，通产省认同了新法和对容器包装塑料全部回收的意见，双方分歧缩小。

然而，农水省却在此时表示反对。在通产、厚生两省统合的方案中，回收费用由饮料制造商承担，从而引发了饮料制造商的强烈不满。背后有饮料制造业界支持的农水省要求加入相关主管部门，同时提出容器包装制造者和原料制造者也分担回收费用的意见。

农水省在文件中就提出了 160 多项问题，通产、厚生两省答复之后，农水省再次提问并要求回答。反反复复一直持续到 4 月。

根据 3 月的政府内部资料显示：

农水省："只由饮料制造商承担无节制的义务，这种做法是极不公平的。"

厚生省、通产省："义务并不是无节制的。"

农水省："厚生省不仅没有做出令人信服的回答，还单独召集食品生产企业和媒体，向其泄露信息，煽动社会舆论。这种做法背离了政府部门之间的协作规则，希望能给出相应的解释。"

厚生省："就专门委员会的报告书内容，根据相关企业的要求做出说明是理所当然的，类似的说明会有很多。并没有向媒体泄露信息，也没有煽动社会舆论。"

双方的论战迟迟没有结果，最终内阁官房介入，明确了容器包装制造者也要承担回收费用。

于是，日本第一个真正意义上的《废弃物回收法》诞生了。明确导入了容器包装制造者从设计生产阶段到废弃之后都承担一定责任的原则——"制造者责任"。法案起草由厚生省供水环境部计划科和环境整备科负责。当时的计划科科长助理由田秀人回忆道："一开始真的不敢相信这样的法律能够在日本通过。之后四处奔走向生产业者和相关团体解释这部日本首次诞生的《废弃物回收法》。"

冶铁公司因《容器包装回收法》开启新事业

《容器包装回收法》是日本最初诞生的一部废弃物回收法，其背后掺杂了产业界、自治体等各方面的利益之争。一位原大型饮料制造商的干部回顾："当时被说成是'麒麟公司 VS 新日铁公司'。结果在经团联的帮助下，力量较弱的饮料业界失败了。"法案规定了饮料制造商承担主要的回收费用，反对势力受到了打压。

另一方面，冶铁炼钢业将新法律作为开辟新事业的契机。当时由于经济不景气，粗钢生产量下跌，各公司纷纷寻找新的商机。1994 年，《联合国气候变化框架公约》生效，二氧化碳的最大排放者冶铁炼钢业面临减排对策的压力。

对策之一便是利用塑料作为煤炭、焦炭的替代能源。

"JFE 钢铁株式会社"（当时名为"日本钢管"）开发了高炉还原剂化技术，在京滨冶铁厂完成了相关设备建设。

与此同时，自治体也乐于见到由市町村进行回收循环。如果效仿德国利用民营业者回收的话，有可能涉及已有清洁员工的裁员问题。全日本自治团体劳动工会下属的东京清洁劳动工会的一位干部评价道："立法确实推进了垃圾回收工作，还能够保住工作岗位，这点很重要。"

自治体的负担达到 2100 亿日元

然而，1997 年《容器包装回收法》开始实施，一直持欢迎态度的自治体却爆出许多不满。因为资源垃圾的收集、分拣和保管费用过高。名古屋市将这种越回收越花钱的现象戏称为"回收贫困"。自治体方面开始向国家呼吁由生产业者承担废弃物收集、分拣和保管的费用。

于是，环境省依据自治体提供的资料，试着计算将金属罐、玻璃瓶、聚酯瓶等容器包装塑料分成九个品目进行收集、分拣、保管的费用，将结果用在说服生产业者的材料中。2010年度最新的试算值如下：容器包装塑料 711 亿日元、玻璃瓶

451 亿日元、聚酯瓶 362 亿日元、钢铁罐 269 亿日元、铝罐190 亿日元，九个品目共计 2159 亿日元（收集费用 1392 亿日元，分拣与保管费用 767 亿日元）。

随着焚烧量和填埋量的减少，处理费相应有所减少。尽管如此，结合环境省 2003 年的演算结果依然可以看出，整体负担增加了 380 亿日元。

2006 年《容器包装回收法》再次修订，制定了新的制度，即市町村将回收的塑料废弃物分割、清洁后交给回收业者，实际花费低于预算的结余将会以"合理化筹款"的名义补贴给自治体。但是，压缩费用也有一定的限度，从 2009 年的 93 亿日元压缩到 2013 年的 21 亿日元。

2013 年再次开始围绕修改法案展开讨论。在 2014 年 5 月的联合会议上，委员们畅所欲言。自治体方面的委员要求生产厂商承担垃圾回收的费用。其中，北海道北广岛市市长上野正三表示："各自治体推进废弃物回收工作的同时，收集量也越来越大，收集搬运、分拣保管所需经费不断增加，给自治体的财政造成很大负担。"针对这些观点，生产业者方面的委员表现出毫不妥协的态度。"PET 聚酯瓶回收推进协会"会长水户川正美表示："即使由生产业者承担这部分费用，也不能达到减少排放的效果，反而会降低市町村的工作效率。"

在自治体和生产业者代表激烈对峙的同时，市民代表委员的态度则比较暧昧。环境咨询顾问崎田裕子表示："与其现在改变分工和责任，不如思考如何将资源充分集中，这样更有建设性和现实意义。"

在审议会中，经产省审议会委员共 26 人，其中生产业界代表 15 人，自治体代表 1 人。环境省审议会委员 26 人当中，生产业界代表 10 人，自治体代表 4 人。二者的比例结构很不合理。

围绕自治体的减负政策，以及之前介绍的制成品塑料回收问题，生产业者方面强烈反对强加费用负担，讨论没有取得实质性进展，2014 年 9 月联合会议审议中断。

在法国，生产业者负担自治体回收费用的八成

法案修订迟迟没有进展，自治体方面自身也有责任。

2006 年法案修订讨论时，生产业者方面要求各个自治体应公开垃圾回收成本，便于自治体之间横向对比，但自治体代表委员未能回应。社会普遍认为地方自治体政府的废弃物收集、分拣、保管费用根据市町村的具体情况而有很大差异，削减成本的努力没有到位。于是，一位环境省干部表示"这样是无法说服生产业者的"。环境省开发了统一标准计算成本的会计制度，确保自治体之间可以相互比较。但是，只有极少数自

治体导入这套会计制度。环境省废弃物对策科遗憾地表示：有人反映过于复杂，就开发了便于利用的简易版，即使如此，依然没有得到推广。

法国一直被日本当作模板，但在实际制度上两国之间有很大差异。法国为保证效率，减轻回收业者的负担，法律规定将聚酯瓶等饮料瓶作为唯一需要回收的塑料废弃物。另外，负责收集容器包装的自治体被支付 5.49 亿欧元（1 欧元约合 135 日元，2012 年度）补助金。这笔钱出自容器包装制造、利用业者按回收品类别缴纳的总额 6.53 亿欧元的执照费［绿点系统（Green Dot system），参考第四章］。补助金金额由以前自治体承担费用的一半提高到 80%。

但这并不是一项简单的付费制度。确定各个自治体回收费用的基准额，对其是否高效回收做出评价，打分排序，分值不同，给各自治体的补助金金额相应不同。自治体将花费成本等数据提交给由生产业者组成的"包装废弃物回收公司"（Eco-Emballages），接受监督检查。因此，法国能够实现高效回收的原因在于，国家政策对地方自治体政府的大力支援，以及塑料废弃物的回收只限定于聚酯瓶类塑料瓶。

家电回收以手工作业为主

笔者曾经考察过首都圈内的一家家电回收工厂。家庭废弃的电视机、空调、冰箱/冰柜、洗衣机/衣物烘干机等四类家电在这里进行拆卸、回收。同时这里也进行汽车拆卸、金属回收、切割等处理。处理家电的厂房里摆放着大量电视机和冰箱。女性工作人员一边打开冰箱取出塑料容器，一边确认是否存在其他异物。

旁边的工作区里男性工作人员负责取出制冷剂氟利昂。将压缩机拆下之后，放在裁断机上，用锤子砸碎，粗略区分开"铁""非铁金属""灰尘"。铁卖给钢铁回收厂，铜、铝、不锈钢等非铁金属分别卖给不同的非铁金属回收厂，塑料经破碎分割后卖给再生树脂制造商，剩下的灰尘由冶炼业者用于焚烧发电。工厂负责人告诉笔者，"因为人工拆卸和分拣的工作量比重很大，所以人工成本费一直很高"。

《家电回收法》指定的回收工厂的回收率（再商品化率、2013 年度）分别为：空调 91%，显像管电视机 79%，液晶电视机 89%，冰箱/冰柜 80%，洗衣机/衣物烘干机 88%。和该法案刚刚实施的 2001 年度相比，提升了 6~32 个百分点，国家目标值也有所提升。

由生产业者自主选择回收处理方法的做法，确实比一揽子交给容器包装回收协会进行回收处理更加合理、可行，但是法律实施 10 年之后，问题开始显现。

处理费用是事先支付还是事后支付

《家电回收法》中规定的四个品目的废弃物，每年约有 1200 万台被回收。

2015 年消费者支付的平均回收费用为：空调 1620 日元，电视机 1836 日元（15 寸以下）、2916 日元（16 寸以上），冰箱 / 冰柜 3888 日元（170 公升以下）、4968 日元（171 公升以上），洗衣机 2484 日元，衣物烘干机 2592 日元。

在制定法律之际，一个很大的争论焦点是什么时间点向消费者征缴回收费用。在通产省召开的产业结构审议会上，自治体和专家主张"事先支付"，即消费者在购买商品时支付回收费用。理由在于可以减少非法丢弃，促进生产业者之间的竞争，实现有利于再生循环的技术升级。欧盟采取的便是这种"事先支付"的方式。

另一方家电制造业者则主张实施废弃时支付回收费的"事后支付"。他们认为家电商品使用周期时间长，无法计算将来的回收费用，商品废弃时有可能制造厂商已经倒闭或退出市场，"事先支付"对这些厂商不公平。

通产省的审议会报告书（1997 年 6 月）表示，"应当以废弃时征缴回收与循环再生费用的方案为基础，加速建立推进回收再生利用的具体系统"，并支持"事后支付"。环境厅中央环境审议会报告书（1998 年 1 月）的意见体现出了"分阶段"的思考方式，即认为制度成立之初，由于之前流通的家电商品数量较大，因此允许"事后支付"，但"长期来看，（中略）应建立将回收费用转嫁到商品价格的机制"。最终，确定了"事后支付"的处理费征缴方式。

但是 2001 年法律实施后，一直被担心的非法丢弃问题凸显。法律实施前 2000 年被非法丢弃的家电废弃物共有 2.6154 万台，2001 年有 13.2153 万台，2002 年有 16.5727 万台。虽然在法律实施前，准确掌握非法丢弃数量的自治体并不多，但不可否认的是，2001 年开始非法丢弃的数量出现了激增。

2006 年启动了关于法律修订的审议程序，处理费是否变更为"事先支付"成为最大的讨论议题。翌年 7 月，经产省与环境省的联合审议会召开。

经产省环境回收室围绕"事先支付"的问题指出，"（事先征收的费用在将来家电废弃时使用，这种预先支付方式）支付时间与使用时间往往相隔十年以上"，"（这种预先支付的方式可能造成费用用于当时其他家电废弃物的回收）费用受益者与回收责任承担者不一致"，"改为预先支付的话，可能的确能够减少非法丢弃的现象，但即使是事后支付，如果回收费用足够低的话，也能起到抑制非法丢弃的效果"。

会上委员们各抒己见。赞成"事先支付"的自治体负责人共 7 人，与之对抗的是赞成"事后支付"的家电生产制造业者团体代表共 8 人。当年春天，韩国已经在家电和汽车回收方面导入了"事先支付"的方式，"事先支付"不仅在欧盟，在亚洲各国也开始普及。京都大学教授酒井伸一质问道："难道不应该追随世界潮流的方向吗？"经产省没有回答。

最终，"事后支付"的收费方式得以持续，同时政府加强了对非法丢弃的管理。

形骸化的审议会

2013 年修订法案的机会再次到来。此时不仅欧盟各国，亚洲的韩国和中国也都采取了"事先支付"的方式，"事先支付"已成为世界主流。而在日本国内，稍有减少的非法丢弃数量再度激增，2011 年达到 15.8234 万台的峰值。

在经产省与环境省的联合审议会审议之初，除了地方自治体方面委员，量贩经营业者等批发业界的委员也呼吁采取"事先支付"的方式。

但是进入审议最后阶段，在 28 名委员中明确表明态度支持"事先支付"的只有 5 人，他们分别是 3 名自治体代表和早稻田大学教授大塚直等 2 名研究人员。

审议会的形式化问题一直以来备受指责。笔者根据 25 年来对环境相关的国家审议会的观察分析，发现这种形式化加剧的情况是近五六年来出现的。以前，会议委员们在讨论时还有一些热烈的意见，而如今的审议会，就像官僚木偶戏表演的舞台。

中央环境审议会前会长、名古屋大学名誉教授森岛昭夫先生对这一现象敲响了警钟，"我任会长的时候，为了公平讨论，不会与环境省有任何沟通，而是根据自己的判断推进审议。审议会不是贯彻官僚意志的地方，审议会的作用在于让利益相关者充分讨论，努力消除分歧，寻找共同点。但是，听说现在的委员们要拜访环境省，和官僚商议审议会的推进方式。这是非常不妥的"。

三成废弃制品的"不明流向"

最终，审议会没有通过《家电回收法》修正案，维持了"事后支付"的回收处理费缴纳方式。

另外，政府效仿欧盟设定回收率目标。2015 年 4 月的《家

电回收法》基本方针规定了 2018 年度的回收率（回收台数占
销售总台数的比例）目标须达到 56% 以上。2013 年度，家电
生产制造数量为 2500 万台，回收数量为 1223 万台，回收率
为 49%。政府认为"只要减少非法丢弃和处理，就能达成回
收率目标"。

但正如图 4 显示，环境省汇总的数据反映了家庭淘汰的四
类家电废弃物的流向。从家庭到"制造业者""废弃物处理业
者""自治体"是《家电回收法》规定的渠道，与此同时，还
有一条流向二手商店和废金属回收业者的渠道。

2013 年度一般家庭和单位淘汰废弃的四类家电总量为
1639 万台，其中有接近 30% 的废弃家电没有流向《家电回收
法》规定的渠道，而是被废金属回收业者回收，或被作为二手
家电在日本国内外的二手商店销售。在经产省和环境省的联合
会议讨论中，将这 30% 称为"不明流向"，视其为非法丢弃和
不正当处理的"温床"。

然而，使商品实现长期使用的二手商店，恰恰应该是值得
表扬的，而不应该是被否定的对象。

原本《家电回收法》就是在没有考虑二手商品市场和消费
者的情况下颁布的。因为现行"事后支付"的回收费缴纳方式
对于那些购买二手商品的消费者是不公平的，他们在处理二手

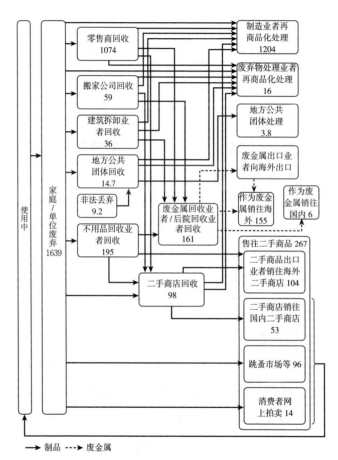

→ 制品 ---▶ 废金属

图4 废弃家电的流向

（2013 年度，四个种类合计推算值，单位：万台）

注：四个种类分别是空调、电视机、冰箱／冰柜、洗衣机／衣物烘干机。

资料来源：根据环境省公布数据制成。

商品时，承担了商品前主人应支付的回收费用。

食品废弃物通过条形码分类管理

笔者曾走访位于横滨市绿区的大型超市"UNY APITA"长津田店。店内顾客人头攒动，摩肩接踵。狭长的卖场内侧排放着塑料箱子，身着工作服的女性员工们对蔬菜残渣和破损的剩菜等食品废弃物进行分类、装袋。

"分拣时，要非常注意不能混入塑料等异物"，女性店员说道。经过计量器称重扫描，将印有商品名称和重量的标签贴在袋子上，置于仓库中冷藏。

"UNY"店铺的每个卖场都有自己的条形码，通过这些条形码对垃圾的种类、重量、去向、费用、处理方法等进行统一管理。数据统一集中到位于爱知县稻泽市"生活创库"总店的计算机中，每月再将核算记录发给各个分店。总公司环境社会贡献部部长百濑则子表示："每家店铺都在申请废弃物处理补贴，大家都在为减少废弃物努力。"

"APITA"长津田店加入了"循环回路"（Recycle loop）计划，利用食品废弃物制造饲料养猪，堆肥种植蔬菜，再将加工后的猪肉和蔬菜放在店里销售。每天将蔬菜残渣和面包残渣运往位于横滨市金泽区的有机回收合作社，在这里将不同原料搭配混合，烘干之后制作成猪用饲料。其中一部分被千叶县东庄町的养猪公司"在田农场"购买，用于与其他发酵饲料、合成饲料混合后喂猪。饲养的猪作为"在田猪"回到长津田店进行销售。

这种由零售企业排放的食品废弃物又变回食品的循环——"循环回路"计划，目前在一些超市、商店、便利店和快餐店推行。但是，总体数量并不多。作为农水省的"再生利用事业计划制度"的支持项目，2014 年年末至今，不超过 53 个。

"UNY"总公司环境社会贡献部部长百濑则子表示："与当地农业生产者合作，推进地产地销，有利于循环型农业的发展。但是，相关业者承受的负担也很重。有很多饲料生产业者想自主修建全套回收再生设备，但握有许可权的市町村不同意。地方自治体政府希望自己修建、整备垃圾回收循环设施。"

这种"循环回路"计划取得了成功。"UNY"总公司 2013年度"再生利用等实施率"（垃圾减少量与垃圾回收量的合计值除以垃圾减少量与垃圾总量的合计值）为 69.6%，远远高于农水省给零售商店设定的 45% 的目标值。

依赖企业自主参与的《食品回收法》

2012 年相关业者排放的食品废弃物达到 1916 万吨。其中 80% 来自生产业者，其次是食品蔬菜零售和餐饮业。生产业者排放的食品废弃物大多是如同大豆粕（脱脂大豆）一样高质量的均一材料，可以直接回收利用。与之相对的，处于制造、流通、销售末端的零售与餐饮业产生的废弃物，往往由于有各种异物掺杂，导致性状不一，杂质含量高，难以回收循环。

农水省根据《食品回收法》，以企业的不同经营状况为基准，设定"再生利用等实施率"目标值，规定达到年间 100 吨以上废弃物排放量的企业必须提交报告。从 2012 年度的实际数值来看，食品制造业完成达到 95%，远远高于设定的 85% 的目标值。相比之下，食品批发业 58%（目标值 70%）、食品零售业 45%（目标值 45%）、餐饮业 24%（目标值 40%），差距十分明显（2015 年进一步将目标值提高为制造业 95%、零售业 55%、餐饮业 50%）。

另外，为 26 个行业规定了减排目标值（每 100 万日元销售额对应产生的废弃物数量）。

相对于其他回收法，《食品回收法》的重点在于减少并抑制排放，而难点在于一般民众的不理解。

《容器包装回收法》和《家电回收法》明确了生产者和消费者的责任，以生产者和消费者共同负担的方式实现循环回收。然而，《食品回收法》则只提出目标，规定生产者的义务，依靠业者自主选择不同的处理方式以实现回收。生产企业向国家定期汇报后，只有在极其严重的情况下，国家才会对生产企业下达申诫、通报、责令整改等措施，但据说实际上这种情况并未发生过。

另一方面，在法律上为了促进回收循环再生，除了在"UNY"的例子中介绍的"再生利用事业计划制度"这一认定制度，还有关于回收业者的"登录再生利用事业者"注册制度。利用这两种制度的相关业者在搬运食品废弃物时，都可以享受免除一部分《废弃物处理法》强制规定的特权。但是，截至 2015 年 3 月，注册"登录再生利用事业者"制度的企业只有 176 家。

沼气化设施的普及

饲料化、堆肥化是充分发挥食品废弃物性状的简单易懂的循环再生方式，但能够制造生产高品质饲料、肥料的设施很少，而且有不少农业生产者拒绝使用由食品废弃物制成的饲料和肥料。在城市里也存在异味扩散的问题，所以不得不花费高昂的运费，将废弃物运到偏僻的乡村沼气处理设施进行处理。因此，农水省和环境省非常关注沼气化处理方法。

2013 年在农水省与环境省的联合会议上充分讨论了这一问题。《食品回收法》对食品废弃物回收处理的方法确定了优先顺序。优先是饲料化，其次是肥料化。当二者都难以实现时，可以利用发酵技术实现沼气化处理，以及煤炭化热循环。如果 75 公里以内没有处理设施的话，可以用于焚烧发电。沼气化回收虽然受到设备条件的制约，但发酵后获取的甲烷既可以用于发电，也可以实现热能利用。

2012 年 7 月，"上网电价补贴政策"（FIT）开始实施，利用下水道污泥、家畜粪便、食品残渣等废弃物经过沼气化设备处理发电，1 千瓦时电能的价格为 39 日元（不含税），此举进一步加速了沼气化能源回收的推进。早在 2002 年农水省就制定了"沼气·日本综合战略"，全国有 300 个以上地区提出相关构想，利用农水省的补助金加速沼气处理设施的修建整备。2009 年制定《沼气活用推进基本法》，建立指定"沼气产业都市"的制度。其中，沼气化处理被确立为实现能源地产地销的主要方式之一。（详见第四章第 3 节）

但是，联合会议中也提出了一些尖锐的意见，如"沼气化过程中产生的液肥无法充分利用""利用沼气发电不能形成封闭循环回收"等。尽管如此，农水省沼气循环资源科科长谷村荣二表示："为了普及沼气化回收方式，重点推进对过程中产生的液肥的利用，将液肥定位为级别很高的肥料。"

利用东京都内食品废弃物将东京打造为超级生态城

"生物能源"公司（Bio Energy Corporation）位于东京都大田区临海地带的东京超级生态城，该公司利用食品废弃物再生沼气能源发电。由于东京都内缺少饲料和肥料的制造加工设施，于是由工业废弃物处理公司"市川环境工程株式会社"等四家公司于 2006 年 4 月共同出资建立了"生物能源"公司。

笔者参加东京都主办的参观说明会时，正好看到一辆满载市内商场食品废弃物的垃圾回收车驶入。

走近放置在临时储存库里的垃圾袋，可以看到里面塞满了各种各样的食品废弃物。经过破碎机分割后，分拣机将塑料等异物取出，将食品垃圾送往发酵槽。经过 30 天的发酵，可以利用产生的沼气在沼气引擎中发电。每天可以达到约 110 吨的容纳量，获得 2.4 万千瓦时的电量。其中一半销售给电力公司，剩余部分用于设备供电。另外，据说由于产生的沼气量大大超过发电机的容量，便将沼气作为城市使用的瓦斯，每天向"东京瓦斯"公司提供 2400 立方米瓦斯。

"生物能源"公司负责人向笔者表示："食品废弃物的处理量增加，发酵效率提升，产生的沼气量大大超过发电设施的容量，可以实现多样化用途。可能是由于比饲料化处理费用低，因此来自各地方的需求量很大。"沼气发酵设施从有机物中提取能源，植物吸收的二氧化碳量与燃烧排放的二氧化碳量相等，达到"碳中和"，从而大幅度削减二氧化碳排放量，每年可以减少 6360 吨。

中小企业选择将食品废弃物在自治体焚烧设施处理的理由

食品回收迟迟难以推进的原因，不仅在于回收设施匮乏，还因为很多地方自治体以低廉的价格购入包含食品废弃物在内的商业垃圾，进行焚烧处理。

为了照顾中小企业，很多自治体都将商业垃圾的处理费压得很低。在饲料、肥料制造设施处理价格为每公斤 20~50 日元，而在焚烧设施焚烧处理价格为每公斤 10~20 日元。还有一些自治体免除了中小企业的垃圾处理费。"政令指定都市"*和东京都 23 区的食品废弃物焚烧处理的每公斤价格为：神户市 8 日元，大阪市 9 日元，京都市 10 日元，川崎市 12 日元，横

---

* 全市人口在 50 万以上，比其他市拥有更多的地方自治权，是日本各城市自治制度中权力下放最多的地方自治体，类似直辖市。——译者注

滨市和新潟市 13 日元，福冈市 14 日元，东京都 23 区 15.5 日元，名古屋市、札幌市和千叶市均为 20 日元。

根据农水省的材料得知，全国饲料化设施处理费每公斤平均 21.4 日元，肥料化设施处理费每公斤平均 18.2 日元，沼气化设施处理费每公斤平均 25 日元。如果附近没有这些处理设施，就不得不花费高额的运费，因此选择在当地的焚烧设施处理是必然的。商业垃圾处理费大幅上涨会给中小企业带来很大压力，自治体在这方面普遍比较谨慎。

某自治体负责人明确表示："商店和中小企业数量众多，行政长官和议员为了拉选票，赢得选举，必须要充分考虑他们的利益，不能大幅上涨食品废弃物回收价格。"农水省沼气循环资源科科长谷村荣二也表示："垃圾处理是自治体自己的工作业务，环境省的立场也很尴尬。尽管如此，环境省还是要求市町村在制订垃圾处理基本计划时，加入食品废弃物循环回收的相关内容。"但是，只要环境省这一关键部门不改变以焚烧处理为中心的想法，现状就不可能有大的改变。

第三章

备受欢迎的二手商店

二手商店宽敞明亮，商品种类琳琅满目
（神奈川县相模原市）

1 国内的二手商品世界

年轻人青睐的音响装置和乐器

东京都千代田区秋叶原电子商品一条街一向人山人海，非常热闹。大道上最显眼的是一座六层建筑。其中二层和三层是专门销售二手商品的"HARD OFF"秋叶原一号店。二层主营音响器材和手表，三层主营吉他、小号等乐器，37坪 * 的卖场里布满了琳琅满目的商品。

"这里是最具秋叶原特色的，锁定年轻人为目标群体"。正如店长横山昌宏所言，来这里购物消费的基本都是年轻人。有很多发烧友钟爱的佳品。定价26万日元的顶级卡座音响中道龙（Nakamichi Dragon）在这里只需要16.2万日元。三层摆放着美国制造的吉普森爵士电吉他"Gibson ES-355TD"，标价只有43.2万日元。

横山店长从山形市高中毕业后，出于兴趣爱好进入当地一家乐器店工作。由于经常到二手商店"HARD OFF"典当和购买乐器，一来二去便跳槽到此。

横山店长说："过去买不起的东西，现在可以在二手商店以

---

* 1坪 =3.3平方米——译者注

合适的价格买到。品质不比秋叶原电子一条街上那些全新商品差。"许多从前的卖家变成今天的买家，顾客人数和销售额不断攀升。

当然，店铺有时也会上门回收。某日横山店长接到顾客的电话，便开着货车前往江户川区。以约 1000 日元的价格收购了一套小型组合音响。"即使一件商品也要开着货车去，顾客在意的与其说是能够卖多少钱，不如说是那种上门回收的安心感。"横山店长说。

被时代浪潮推动的二手行业

截至 2015 年 5 月末，包括专利店（FC）在内，"HARD OFF"共有 792 家分店。2014 年度的销售总额，直营店为 168 亿日元，包括 FC 店的营业额在内，总共达到 492 亿日元。"HARD OFF"作为日本国内专门经营二手商品的企业，是与专门经营二手书的著名的"BOOK OFF"齐名的老店。"HARD OFF"除了经营音响、电脑、DVD 播放机等电器电子产品，也卖 CD、游戏卡等。同时，旗下还有很多专门经营各个领域商品的连锁商店，比如：经营玩具的"HOBBY OFF"，经营衣物、饰品的"MODE OFF"，经营红酒、威士忌的"LIQUOR OFF"。

"HARD OFF"的每一家店都让人感觉闪闪发光，完全不同于以往那种昏暗破旧的二手回收店的印象。社长山本善政回顾道："当年开二手商店时，大家印象中的二手商店都是脏、臭、差、恶心、危险的'5K'。我就是要将这种印象一扫而光，打造'逆5K'的二手商店"。*

山本善政的父母在老家新潟县经营电器商店。山本大学毕业后，在超市工作了一段时间，在家庭出资帮助下，1972年24岁时在新潟县新发田市开了一家音响店。之后逐渐扩大到5家分店，但是音响业界受到当年经济危机造成的价格冲击，销售骤减，经营陷入逆境。

为了让企业起死回生，山本想到吸引顾客的方法，就是在豪华的卖场里摆放满高级音响器材。1992年夏，山本凑齐了仅有的一点点钱租下新潟市的一家宾馆，召开音响器材展销会。虽然来了很多顾客，但是商品还是卖不出去。

失望之余，一个念头闪过，就是开二手旧货商店。山本每年会举行一次将仓库里的折旧商品低价销售的活动，往往瞬间售罄，非常受欢迎。于是，他下定决心开辟二手商品销售市场。

---

* 5k分别为汚い、臭い、格好悪い、感じ悪い、危険，5个词的日文单词均从清辅音k开头，意为脏、臭、差、恶心、危险。——译者注

山本社长说："正好那个时候，刚刚出现了'环保生态'（ecology）的说法。我觉得二手商店非常符合这种理念，于是以此为理由向银行贷款，结果银行支行长却反问我'环保生态是什么意思'。虽然没有拿到银行的贷款，但是环保生态的时代已经到来，是时代浪潮在背后推动了二手商品经销业的发展。"

宛如双胞胎的"BOOK OFF"和"HARD OFF"

当山本思考如何经营二手商店时，另一个人在神奈川县相模原市开了一家30坪左右的店铺，树立起"BOOK OFF"的招牌，这个人便是坂本孝。坂本最初以经营二手书买卖起家，包括直营店和FC店，逐渐拥有四家店铺。坂本在《BOOK OFF的真相》一书中写道，他大学毕业后，在家族企业配合饲料公司里帮忙，1970年在山梨县甲府市开了一家音响店，经营国内生产，以及国外进口的各种音响制品。由于当时店铺开在郊外，便一同购入了洗车设备，开展洗车业务。

那时，在"先锋"公司（Pioneer Corporation）举办的学习会上，坂本和山本二人相识，据说两人被彼此的热情感染，就音响器材的销售彻夜长谈。由于坂本的店也受到价格战的波及，5年后闭店。之后他换了几次工作，做过二手钢琴销售，也在伊藤洋堂的分店工作过。

1990 年坂本看到横滨市以漫画为中心的小型二手书店很有人气，受到启发。于是在相模原市的住所开了一家小店。他走访了千代田区神田神保町的旧书店一条街，了解到当时专业旧书商往往采用组成行会招标进货的经营方式。经过与许多在旧书店打工的工作人员交流，以及自己的深思熟虑之后，坂本选择了完全相反的做法——"不问书的内容，只根据书的干净程度和新旧程度确定价格"。放弃"高价收购旧书"的传统二手书回收宣传策略，以"欢迎卖掉您读过的书"这一时髦话语作为广告词，受到顾客的欢迎。不久就陆续开了第二家和第三家分店。

那时，在新潟的山本曾到相模原来见坂本。经过交谈后，山本确信了自己的选择没有错。弃用本已想好的名称"HARD ON"，效仿"BOOK OFF"的名字，改名为"HARD OFF"。在接纳"BOOK OFF"FC 店的同时，将电子游戏等软件的销售权转让给"BOOK OFF"。山本曾说，"这很奇怪吧。本来是要赚钱的，但是却拱手相让"。从那时起，两家公司开始争相扩大自己的事业。

1993 年 2 月，新潟市"HARD OFF"一号店开张。店铺二层是"HARD OFF"，一层是"BOOK OFF"的 FC 店。

开业当天销售额达到约500万日元，是预想的10倍。1994年，山本将旗下经营的家电店全部改换成二手品商店。之后采取扩大直营化和FC化的经营方针，1999年直营店和FC店的数量突破了100家。2005年在东京证券交易所上市。山本本人和最初的员工都具备音响器材的专业知识，成功将全国各地那些竞争不过大型家电销售商，受到挤压而经营不振的家电商的店铺和员工收编，这便是"HARD OFF"之所以能够在短时间内实现大规模扩张的一个重要原因。

利用网络的二手商店流行

"BOOK OFF"1990年在相模原市开了一号店，翌年便开始着手FC化。店铺数量增多之后，2005年成功上市。FC店数量不断增加，截至2015年4月，全日本共拥有942家店铺。2014年实现与雅虎在资金和业务方面的合作，在网络销售方面加大力度。

专门利用网络进行二手商品销售的"二手网"公司（USED NET），与"HARD OFF"一样，以音响制品作为主要经营商品。笔者曾走访公司位于埼玉县东松山市的修理工厂，看到工作人员对二手商品进行修理和检查。在工作间里，穿着牛仔裤的工作人员正在全神贯注地调适电吉他。索尼等大企业的一些员工和音乐发烧友支持这种网络销售，将二手音响当成新品一样购买。

公司董事岩濑胜一先生是"第一家庭电器"株式会社的前任部长，主管音响器材部门。2001 年退休后，和朋友们一起成立了手机销售公司，公司步入正轨之后，便将公司转让给朋友。之后又成立了网络销售公司，也就是"二手网"公司的前身。他指出："在二手回收行业里，有很多企业原先都是经营家电和音响器材的，苦于和大型企业竞争，在经营困境中转型营销二手商品。其中不乏具备专业技术知识的人才。"据说在 PSE（电器用品安全法规定禁止销售没有 PSE 标识的电器用品，其中包括二手电器品）问题上，岩濑胜一率先表示反对。

网络的普及进一步扩大了二手商品交易市场。根据环境省的数据统计显示，雅虎的网络拍卖网站"雅虎拍卖"（YAHOO AUCTION）年度成交额超过 7000 亿日元，约占市场份额的 80%。卖家在网站上贴出商品信息和竞标底价，买家们展开投标，出价最高者成为中标者，双方完成交易。雅虎的"雅虎拍卖"、乐天的"乐天拍卖"（楽天 AUCTION）、亚马逊的"市场"（MARKET PLACE）、以移动电子设备用户为对象的"移动拍卖"（MOBILE AUCTION）等网络交易市场持续不断扩大。

但是，"付款后却收不到商品"的纠纷也是一个需要解决的问题。

"瑞奈特"公司（ReNet Japan Group）从 2000 年开始，利用宅急送从消费者手中收购二手商品，商品种类涉及旧书、CD、游戏软件等。快递费用由回收业者承担，签收之后完成交易。公司把钱打给顾客，将商品在网上销售。不断有其他公司加入这项新的业务，公司与雅虎也有合作。不断有新的用户注册登录，需要考虑新的购买和销售方案。二手商品市场生机勃勃，充满变化。

膨胀的二手交易业界

"HARD OFF"、综合二手商品店"宝藏工厂"（Treasure Factory，东京都足立区）、经营二手贵金属、奢侈品的"米兵"（Komehyo 名古屋市）等八家大型二手品经销商，于 2009 年成立"日本二手商品交易业协会"（截至 2015 年 3 月，已有 22 家企业加盟）。第一届会长由"HARD OFF"的山本社长出任，他提出培养出合格的二手商品业者的目标，制定了二手商品检定制度。截至 2015 年 3 月，约有 3000 人取得相关资质。

大型不动产公司"长谷工"公司（HASEKO Corporation）

也加入了二手交易市场。在其子公司"KASIKOSH"运营的位于神奈川县相模原市的店铺，560 坪的空间里摆放着冰箱、洗衣机等家用电器，沙发等家具，衣物、厨房用品、工具等约6 万件二手商品。一位来购买名牌二手衣物的 40 多岁的东京主妇说："最近在这里花 1000 日元买到了非常中意的夹克。现在再去大商场买高级品，或者去量贩店买便宜货，都会觉得很傻。"

为什么不动产公司也要开展二手商品交易呢？"KASIKOSH"公司社长樋口邦彦说："曾经在公司开发的公寓门口开设二手商品回收市场，受到居民的欢迎，于是考虑将其继续推广。"

"长谷工"公司（HASEKO Corporation）以首都圈为中心，修建了很多公寓，约有 50 万户居民。经常会听到一些业主抱怨："搬家带来的东西太多，已经没有收纳空间了""但是扔掉又很可惜"。

2003 年公司开启一种新型商业模式，即面向公寓居民回收不用的二手商品后再销售，2005 年在东京都青梅市正式设立了二手商品店。开展多种商品回收方式：到店回收、上门回收、网络快递物流回收（限定奢侈品、贵金属）。在公寓开设回收市场并进行销售的循环商业模式荣获 2010 年度"优秀设计奖"。

二手衣物的回收率非常低，仅为 20%，其余的被焚烧。回收的二手衣物主要用于制造废棉纱头（工业用抹布）和人工绒毛（还原为纤维，用于制作毛毡、劳动手套等）。但由于存在大量价格低廉的进口商品，二手衣物的回收再生利用量曾不断骤减。

然而，近年来二手衣物的回收再利用呈现出扩大化趋势。经营名牌奢侈品服装的二手商店越来越多，二手衣物大量向韩国、马来西亚等东南亚国家出口。根据贸易统计数字显示，2013 年出口量是 2004 年的 2.4 倍，达到 21.6 万吨。出口交易金额也由 42 亿日元增加到 117 亿日元。

大型成衣生产公司也开始行动起来。"ONWARD KASHIYAMA"公司 2009 年开始回收销售自家公司设计制造的成衣，2014 年在东京都武藏野市吉祥寺车站前开设了二手直营店。据说是以慈善义卖的价格销售，交易所得全部用于社会公益事业。"世界"（WORLD）公司也已经启动了二手衣物的回收与再销售业务。

拍卖会场上的二手商品分配

一辆辆货车源源不断地驶入位于东京都足立区的"日本拍

卖中心"（Japan Auction Center）。走进300坪的仓库，可以看到分区域整齐地摆放着家电制品、家具、厨房用品、办公用品等各种二手商品。

上午9点钟，约有70位二手商品经营业者齐聚，竞拍开始。会长黑岩智行担任拍卖师。他指着一个不锈钢的冰箱开始拍卖，"很干净啊。好，1.5万日元""老爷子，要不要？""不要""好吧，那么1.2万日元，有没有人要？"黑岩会长在下调价格之后，沉默片刻，一位业者举手示意，该商品最终以1.2万日元的价格成交。

50~60件厨房用品相继成交之后，黑岩会长转向办公用品。面对5个不锈钢的写字台，黑岩会长说："这是冈村家具公司设计制造的，好东西，5万日元！"业者喊道："3.5万日元。"另一位业者喊道："4万日元。"前一位业者又将价格提升到4.2万日元，最终成交。一件定价为3000日元的白色写字板，降价到1000日元也没有人愿意买，商品流拍，原物搬回。

随后又开始了杂物专区的商品拍卖。商品包括玩具、CD、卷轴、皮包、油漆、壁纸、电吉他等。有很多民众在拆迁或搬家时，会让熟悉的二手商将商品拿到这里来拍卖处理。价格从300日元到数万日元，不断成交。家电制品竞拍结束时，天已经黑了。

2009 年在二手商品业者的合作下，拍卖中心诞生了。每周三召开拍卖会，每月第三个周日开办面向一般消费者的跳蚤市场。

社长林裕介说："最近以网络销售为目的的个人业者增加。年销售额达到 3 亿日元。挣不了大钱，但是可以将不用的商品再次向社会输送，实现循环利用。我们骄傲地认为这也是一种社会贡献。最近经常有环境省的官员和咨询公司的员工来参观。咨询公司认为我们的做法'很棒'，纷纷前来取经，而官员似乎只关心我们是否涉嫌违法。"

环境省似乎怀疑二手商品业者将本应处理掉的垃圾伪装成二手品销售给顾客。林裕介社长面对如此质疑，以一句"垃圾会有人买吗"一笑置之。

中小企业者团结一致，反对《电器用品安全法》

这一天，将各种拍卖获得的二手商品塞满卡车的是在神奈川县经营一家二手品商店的藤田惇先生。藤田惇是"FUJISHIRO 工业"公司社长，经营四家店铺，同时也是名古屋拍卖中心的代表。销售的二手商品包括：二手家电、家具、办公用品、餐具等。品种齐全，货量充足。

藤田先生 1968 年与兄弟一起开展汽车维修和钢板喷漆业

务，生意最好的时候，拥有横滨总公司和 6 家分店，但随着经济不景气导致经营恶化，开始多元化经营。从事过餐饮业、高尔夫二手用品销售、自行车销售等，如今已经发展成为综合二手用品经销商。

藤田先生担任了一般社团法人"日本·回收·联合会"（JRCA）的代表理事。以二手用品商店、合作社为中心的约有 6500 个业者、1 万家店铺加盟了联合会，被授予"优良店资质认证"。同时，该联合会承担将二手商品业者的意见向国家行政部门反映和交涉的职责。藤田先生说："2006 年 JRCA 成立的契机是，经产省制定《电器用品安全法》管制业界。"

2001 年《电器用品安全法》（PSE 法）作为《电器用品管理法》修正案开始施行。新法虽然尊重了制造业者的自主性，但规定业者必须对商品添加 PSE 标识（表明电器制品达到安全性标准的标识）的义务。

然而，就在该法实施前夕，经产省突然表明该规定适用于二手商品。二手商品经销业对此深感困惑。二手的电器制品上只有旧《电器用品管理法》中规定的标识。为了获得新的 PSE 标识，必须经过重新检查，会消耗大量时间、金钱与人力成本，将会对二手电器的经销造成毁灭性打击。于是拉开了一场被称为"生死存亡问题"的反对运动，藤田惇和伙伴们一同与经产省展开交涉。

最终经产省放弃强制执行这一规定。藤田表示："二手经营业者的存在，不被政府官员放在眼中，社会认知度较低。其实二手商品的再生利用大大有利于构建循环型社会，希望政府和社会上更多的人能够理解并支持。"

在反对运动进行过程中，2006 年一般社团法人"日本二手商品机构"（JRO）诞生。截至 2015 年，已有 60 家中小企业，600 家店铺加盟会员。JRO 为了保证用户能够安心购买二手家电，对经过性能和安全检查的二手电器用品进行登记，建立起可以通过条形码追踪商品记录信息的系统，2008 年已经投入使用。

JRO 代表理事波多部彰先生表示："经常光顾二手用品商店的人中，有很多是依靠退休金生活的贫困者，正是因为依靠这个群体支撑起来，我们的存在和工作才有意义价值。为了保证消费者能够安心买卖，提高二手商品业者的社会地位，让二手商品业界承担更多的社会责任和义务，有必要制定一部二手商品基本法。"

二手商品市场规模达到 3.1 兆日元

依据环境省对消费者发放的问卷调查结果统计，二手商品市场规模约有 3.1 兆日元（去除汽车和摩托车，有 1.2 兆日元，2012 年度），和 2009 年相比，规模约增长了 20%。交易方式各自占比为：二手店 70.2%、网络拍卖 12.3%、网络购物网站 11.1%、跳蚤市场和义卖会 0.3%。商品种类占比为：汽车 56.2%、家电和电子器械类 8.4%、名牌奢侈品 5.7%、名牌奢侈品之外的衣物和饰品 3.2%、家具类 1.7%。

根据经产省的商业统计数据显示，2007 年二手商品零售业（二手商品店）数量约有 7700 家、销售额约为 3400 亿日元，而 1997 年时只有约 4000 家、销售额约 1000 亿日元。可见十年间实现了激增。网络监控研究机构以约 8.5 万人为对象开展问卷调查，结果显示过去一年间有购买二手商品经历的人的购买渠道分别为：二手用品商店 16.3%、网络拍卖 17.1%、网络购物网站 11.8%、跳蚤市场和义卖会 6.7%（可多项选择）。

在此基础上，进一步询问过去一年间有购买二手商品经历的人如何处理不用商品。

根据商品种类不同可知，家具类：交由自治体回收 48.6%、二手用品商店（包括上门回收）15.3%。书籍类：二手用品商店（包括上门回收）55.8%、快递上门回收 14.0%。四类家电用品（电视机、空调、冰箱 / 冰柜、洗衣机 / 衣物烘干机）：购买商品时的商店回收 37.6%、不用品回收业者回收 10.3%、二手用品商店回收 10%。其他家电用品：自治体垃圾回收 35.8%、二手用品商店回收 12.5%、网络拍卖 10.0%、不用品回收业者回收 9.8%。自行车和自行车部件：自治体垃圾回收 31.6%、购买商品时的商店回收 14.2%、不用品回收业者回收 7.6%。电脑：网络拍卖 26.1%、自治体垃圾回收 16.5%、二手用品商店回收 13.6%、不用品回收业者回收 9.1%。销售渠道和处理渠道很分散。（国家行政部门将消费者提供给相关业者的用于二手商品再销售的物品和废弃的物品统称为"不用商品"，但是二手商品业界往往将二手商品化的回收物称为"不必要品"，区别于废弃物垃圾。）

重用瓶在减少

　　一说起二手循环再利用，很多人会想到瓶子。啤酒瓶、一升瓶、牛奶瓶等都是重用瓶。重用瓶可以多次反复使用，被认为非常节能环保。在二手商品业界不断扩大的过程中，重用瓶怎么样呢？

　　熊本县水俣市水俣湾的垃圾填埋场被称为"生态公园"。在每年 5 月 1 日的水俣病正式发现日，这里都会举行慰灵纪念活动。

临近东边的填埋场是占地 20 公顷的"生态城"，集中了各种废弃物回收设施。其中一家是从事玻璃瓶回收再生处理的"田中商店"（总公司位于熊本市）水俣营业所（EKOBO 水俣），每日将大量玻璃瓶回收、清洗。女性工作人员在灯光下仔细检查每个瓶子是否存在破损，完好无损的瓶子作为重用瓶送至使用厂商，破损的瓶子经过粉碎机处理为"碎玻璃"，运往瓶子制作加工厂。

2001 年"田中商店"进驻生态城。处理的玻璃瓶包括：水俣市收集的瓶子、当地居酒屋，以及东京玻璃瓶商送来的啤酒瓶、酒类包装瓶，甚至还包括"生协"*的回收瓶。清洗处理的瓶子达到 450 万只。除此之外，还将回收来的一次性玻璃瓶处理成为碎玻璃，用作玻璃瓶再生工厂的原材料，或者用于道路工程建设。

无法和聚酯瓶竞争

从 2004 年开始，"田中商店"公司开展针对熊本、宫崎、鹿儿岛三县统一使用的烧酒重用瓶（900 毫升）的回收和清洗业务。"田中商店"对熊本县 7 家、鹿儿岛县 4 家，共计 11 家

---

* 日本消费者合作组织——译者注

酿酒、酱油调料制作厂商的玻璃瓶进行回收，年处理量约为160万只玻璃瓶。虽然回收率高达70%，但经营局面依然很严峻。熊本县内的瓶商包括"田中商店"在内，只有两家。专务董事田中利和解释道："由于现在放松管理，任何人都可以贩卖酒类商品，但是便利店一般不会放置处理起来费事的玻璃瓶。重用瓶数量在减少。为了维持经营，最近公司也开始回收废报纸。"同时，公司还参与开发、销售利用当地大米和白薯酿造的玻璃瓶装烧酒"水俣明"，以此贴补、维持玻璃瓶循环回收事业。

东京的"户部商事"公司（总公司位于北区）也是一家瓶商老店，该公司在足立区的工厂内进行玻璃瓶回收和清洗业务。户部昇社长表示："十年前觉得玻璃瓶的业务肯定不会有问题，但最近的技术革新让人不得不改变想法。"他给笔者展示了被称为"瓶坯"（preform）的直径2厘米，长10厘米左右的塑料筒。据说这种材质在加热后放入金属模具中，吹入空气，可以制成各种形状的聚酯瓶。相对于较重的玻璃瓶，聚酯瓶体积小、重量轻，一辆大型卡车可以装载三四十万只这样的瓶子，从而大幅削减运输成本。另外，纸盒包装也在不断推广。

根据日本玻璃瓶协会的统计数据可知，一升瓶的出货数量由 1990 年 1.4725 亿只减少到 2014 年 6091 万只，啤酒瓶由 5.018 亿只减少到 1.1408 亿只。首都圈内仅剩下 5 家开展清洗玻璃瓶业务的商家，而最近又有两家倒闭了。"户部商事"公司将经营重心转移至对塑料制品的拣选和存放，玻璃瓶相关业务的营业额只占总营业额的 5%。尽管如此，厂房有近一半左右的占地都用于清洗和存放玻璃瓶。户部社长说："在经营方面，确实会被质疑，但是作为一家明治二十六年（1893）创业的老店，瓶商历史已经走过了四代人，我们不能轻易放弃。"

也有一些自治体开始讨论能否将学校供餐时使用的纸盒包装牛奶换成玻璃瓶装牛奶。但是，负责现场供餐作业的工作人员以高龄女性居多。有人担心换回重玻璃瓶会给工作人员增加负担。在聚酯瓶、铝罐，以及纸盒包装大量流通的情况下，或许可以反复使用的玻璃瓶只能限定在一些非常特定的场合。

环境省也开始推动商品的二手利用

环境省推动商品再生循环的"3R"，即减量化（reduce）、重复利用（reuse）、循环再造（recycle）。改变以往将废弃物焚烧填埋的单一做法，通过减少废弃物产生量，延长商品再使用寿命，并且实现资源再生化，最终创造资源循环型社会。但是，在现实中，政府往往一味强调垃圾回收，自治体的努力也非常有限。

于是，为了推广二手商品再利用，环境省于 2010 年设立了"促进二手商品再利用事业研究会"，自治体与二手商品经营业者合作，开展示范项目。

作为示范项目之一，前桥市于 2013 年 12 月在前桥绿色圆顶大厅举行名为"宝市"的二手商品流通市集。市民将不用的日用杂货、书本、家具等商品免费拿到这里，有需要的市民可以免费将其拿回家。从重量方面计算，总重 50 吨的商品被拿走了 40 吨。2014 年 10 月再次开市时，据说有 1000 人参加，70 吨商品被拿走了 60 吨。垃圾减量对策科的工作人员表示："政府鼓励市民将一些不用的商品在二手商品店进行回收，政府以垃圾减量为目的，为市民充当提供二手商品交换的中介。"

东京都町田市从 2012 年至 2013 年每月举行一次名为"再利用之日"的二手商品交易活动，邀请市民免费把不用品送到指定地点，将其卖给四家二手用品回收商店。"町田环保生活推进公社"对 7.5 吨商品进行分拣，其中 4.6 吨（9751 件）商品卖了 30 万日元。

在针对这项活动的问卷调查中，大部分人都回答"希望持续下去"，但是活动并没有继续办下去。环境政策科总务股长藤松淳对此解释说："我们确实考虑过和二手商品业者共同推动这一活动，但是市民把自认为有价值的东西拿出来，在二手业者眼中很多都是没有价值的，双方很难匹配。"

东京都世田谷区在宣传海报上对区内和周边地区的二手商品店和二手商品回收业者进行介绍。负责人说："我们开展实际的二手商品交易有一定困难，但是向民众介绍二手商品店信息，帮助民众通过电话联系二手店是可以做到的。"利用市民纳税金进行废弃物处理的自治体和以经济利益为优先目标的二手商品业者之间的合作才刚刚开始。

2 二手商品与废弃物之间的夹缝

二手不用品回收业者的一天

经过从埼玉县所泽市关越高速公路所泽入口下来约 10 分钟的车程，佐藤好以先生开着满载 20 吨货物的卡车抵达"浜屋"公司（总公司位于埼玉县东松山市）所泽分店。下午 5 点钟，装货台面上堆满了二手家电和自行车，卡车已经排起了长队。

刚刚不惑之年的佐藤好以先生在 2010 年创建"地球工房"公司，开展经营处理不用品回收业务，和两名员工一起在练马区和杉并区进行回收。佐藤把卡车开到自行车停车场，抬下八辆自行车，笑着说："一辆能卖 800 日元左右呢。"但听到"浜屋"公司负责检查的员工高桥锐一说"一辆有锈迹……当废铁卖吧"，佐藤便皱起了眉头。

这天一早，笔者一同乘坐佐藤的卡车，9 点 15 分出发，在练马区巡回。事先已经在宣传单里告知了回收的时间，佐藤将对居民们在家门口摆放好的二手商品进行挑选。佐藤告诉笔者："最初也曾一边喇叭广播，一边巡回回收，但是效率比较低。也有一些恶劣的同行，把二手商品搬上车后，反而向顾客要钱。我们不想被民众当成这样的不良业者，因此不和他们一起回收。"

　　佐藤灵活地操纵方向盘，卡车行驶在狭窄的街巷中，但看不到有摆放出来的商品。"糟糕了，有一些业者会在凌晨偷偷摸摸地来提前收东西，难道是我们被算计了"，佐藤担心着，终于看到了一辆自行车，车座上贴着的回收传单非常醒目。另外还摆放有榨汁机、电饭锅、平底锅、电风扇、暖风机、电脑、缝纫机、吸尘器、置物架、DVD播放机。佐藤熟练地将这些商品安放在卡车货物架上，然后驶向下一个地方。一家住户玄关前摆放着一套小型家庭音响。"这可以面向国内再销售。"佐藤说道。回收的二手商品大多用于出口，但是品质好的可以面向国内再销售，能卖个好价钱。这家女主人笑着站在玄关前等待回收，客气地对我们说"辛苦了"。这是一位佐藤的老顾客。同时佐藤还从她家回收了一台缝纫机，"虽然旧了，但是还能用。"女主人笑着对我们说。

　　车子来到另一家住宅前，一位手里拿着回收宣传单早已等待多时的男性老者，指着一个坏电视机和两个空瓦楞纸箱问道："这个能拿走吗？"佐藤回答道："坏的电视机不行啊。"老人不解："为什么啊？"于是，佐藤告诉老人《家电回收法》规定禁止回收坏掉的电视机，进一步解释了二手商品和垃圾废弃物的区别，并向老人推荐了一家自己认识的批发销售电视机的商店。

佐藤从宫城县大学毕业后，便开始从事家庭装修工作，一年内在澳大利亚一边工作，一边骑摩托车旅行。回国后，换了几次工作，进入一家经营晾衣竿的公司做销售。"能够四处旅行这点很适合我。"佐藤说道。

开车从东北到九州四处做销售的日子里，佐藤经常可以看到停在街角的回收不用品的轻型卡车，心里觉得自己也可以干这样的工作。于是，他从朋友那里搞来一辆轻型卡车，做起了个体经营者。取得了"地球工房"的商标注册，在所泽市内借到仓库。东京都环境局的工作人员每半年会来这里检查票据。

佐藤也开展拆迁时的上门回收业务。笔者参观了佐藤在千叶县内一家住户的二手用品的分拣回收过程，经过夫妻二人数日时间的分类挑选，最终无法进行二手商品回收的垃圾废弃物只有十分之一。不同类型的二手用品都可以卖给二手回收商，分拣手法和技巧非常出色。

在"浜屋"所泽分店的机构内等了半个小时，佐藤的卡车终于开进仓库。在仓库内，电视机和冰箱堆放了5米多高，笔记本电脑、CD播放机等电子产品分区摆放。工作人员高桥锐一负责检查每一件商品是否有破损，零件是否齐全。入职已经四年，按照他自己的话讲，"终于熟能生巧了"。

这一天下来，佐藤共卖出26件二手商品，共计2.263万日元。将废铁运往市内的废料处理工厂，佐藤一天的工作终于结束了。他说："梦想是在东京都内开一家二手商品店，必须要不断努力！"

向海外 30 多个国家出口二手商品

佐藤送到"浜屋"公司的大部分家电制品，最终都将作为出口商品运往发展中国家。据国家统计数字显示，2013 年出口海外的电视机、冰箱等四类二手家电用品共计 104 万台。

笔者走访了大型二手家电出口商"浜屋"公司的总部，在社长小林茂先生的带领下参观了公司。仓库内堆满了各种二手电器，音响器材货区摆放着很多闪闪发光的新品。小林社长感慨道："可能仅仅是因为不喜欢就不要了吧。买东西嘛，大家都想要更好的。但是，日本人什么时候变成这个样子了呢？"

笔者看到仓库外有两个来自阿富汗的买家，正在检查装在集装箱里的家电商品，他们说："日本制品质量好，能用很长时间。"

如果是上年纪的人，恐怕都会有这样的经验，那就是过去在日本购买的商品即使发生故障，也可以请购买时的商店进行维修，实现商品的长期化使用。但是今天，商品维修费非常高，与其修理不如购买新品，而且商品也会更新迭代。小林社长认为传承过去日本优良传统的恰恰是现在的发展中国家，他说："商品出口东南亚、非洲、南美等 30 多个发展中国家，他们善于修理，很爱惜地使用，延长了商品的使用寿命。日本制造的商品品质有保障，经久耐用，与当地的文化传统一致。但令人担心的是，最近这种信赖关系也在发生动摇。海外业者发给我们一些容易出故障、不好修理的商品清单。原本经久耐用是日本制造商品的招牌啊。"

改行投身二手市场

小林社长从埼玉县高中毕业后，来到东京的一家酒店工作，之后又换了几份工作，26 岁时以结婚为契机回到老家东松山乡下，当了一段时间的出租车司机。他看到周围有朋友收集废铁卖给废料回收厂，便决定以此作为主业，买了辆二手卡车，出入东京都内的建筑工地和工厂。不久，小林又干起了拆卸发动机和变压器的工作，在了解到中国台湾地区的市场对日本二手器械有需求之后，于 1991 年创建"浜屋"公司，开始了二手操作机械、建筑机械和农业机具的出口贸易。直到今天，形成以二手家电产品为经营业务核心的局面。

"浜屋"如今已经在全国拥有 15 家店铺，2014 年度营业额超过 100 亿日元。二手商品的货源非常广泛，包括回收二手家电折旧的电器批发商，以及回收粗大垃圾的地方自治体。另外，通过不用品回收业者购买的二手电器占据了货源的大半。据说交易伙伴全国约有 3.4 万家（包括个人）。

正如小林社长跌宕起伏的人生一样，公司职员的履历也大都丰富多彩。各分店营业额中的第一名是所泽分店，店长若生阳介是一个三十多岁的年轻人。他从宫城县高中毕业后，进入当地的森林消费合作社工作，十年前在儿时玩伴的劝诱下加入"浜屋"公司。若生 2009 年辞职，在乡下经营起奶酪畜牧业，后又被请回"浜屋"公司，担任仙台分店的店长。东日本大地震时，为支撑受灾的店铺而四处奔走。"要问我最值得骄傲的事情是什么，应该就是掰手腕从来没输过。"若生无忧无虑地笑着说。

在他手下工作的员工曾根裕树，也是一个性格很好的青年。大学毕业后，在千叶县一家旧书连锁店工作，由于搞不好人际关系，几年后辞职回到埼玉县老家，开始打工度日的生活。"这样下去的话就完了。但是，我究竟想要做什么工作呢？"曾根回忆当时的苦恼时说道。

2009 年秋天，职业介绍所的一则招聘广告吸引了曾根的注意，没错，那正是"浜屋"公司。

他想："自己的体力和精力都比较弱，是很快就会被淘汰的那种人，但是为了锻炼自己，也只有走这条路了。"曾根裕树在面试时一个劲儿地强调"二手书也好，二手家电也好，都是为环保做贡献"。但是，这是出于拼命想入职的想法而说的话，并非发自本心。"其实是为了要改变自我"，曾根回顾当时的情形说。每天工作时搬运冰箱等家电重物，干了一天后筋疲力尽地回家，倒头便睡，根本没有胡思乱想烦恼的时间。曾根现在已经考取了开升降叉车的资质，成为分店里受到大家充分信赖的一员。休息日时他会忙于参加儿童野营、圣诞节晚会等志愿者活动。

被巡逻车截下，送往警察署

但是，二手品和废弃物的界限往往是很模糊的，经常会发生一些纠纷。

据说全国有数万名像"地球工房"的佐藤好以那样，每日开着卡车回收不用商品的相关业者。他们主要进行二手商品的回收，同时也会连同废铜废铁一起回收。消费者将有利用价值的二手商品卖给二手业者，或免费转让的行为都是合法的，但环境省认为，如果二手业者以处理费为名目向提供者收费，此时回收的二手商品的性质就等同于废弃物，从而违反了《废弃物处理法》。因为《废弃物处理法》规定只有获得市町村许可的业者才有资格开展家庭废弃物的收集和搬运工作。

2012 年 3 月环境省向各都道府县发放的通知书和宣传单引起了轩然大波。

环境省通知的大意：①凡是从事回收家庭二手电器制品的业者，在没有取得市町村颁发的一般废弃物收集搬运行业许可的情况下，一律视为违反《废弃物处理法》。②生产年代久远，不通电，或者已经破损等无法被认同市场价值的二手商品，以及回收时没有经过故障排查的电视机等四类家电用品应当作为废弃物进行处理。③四类家电用品和其他小型家电，即使免费回收或者以低廉价格回收，也不应该立刻判定为有价商品（非废弃物）。

2013 年，该通知在进一步修改之后，数十万份宣传单被发放给全国各地方自治体和废弃物处理相关团体，上面印有装满二手商品的轻型卡车的照片，以及保管空地的照片。环境省认为："大部分不用品回收业者都没有取得市町村的许可，对家电等废弃物进行非法回收。大部分被不法回收业者回收的家电都是非法丢弃和不正当处理的废弃物。"环境省呼吁消费者不要参与其中。

另一方面，虽然回收二手商品属于合法行为，但在环境省的通知和说明中丝毫没有提及，因此造成很多人将二手商品回收业者的活动一律视为违法行为。

2013 年秋，埼玉县发生了一件事情。回收业者松本俊和（化名）开着轻型卡车在市内回收时，警察的巡逻车从后面追了上来。他刚刚把电脑抬到卡车货架上，就被带到了警察署。两名警察对松本进行了两个小时的讯问："这些都是废弃物吧""没有收集搬运业的许可的话，就是违法行为""拿到许可后再说吧"。松本反复表示"电脑是二手商品，不是废弃物"，但警察根本不听，并且命令松本两周以后再到警察署报到。

深感害怕的松本，在县厅的介绍下，参加了获取废弃物收集搬运行业许可的咨询会，却被一位男性接待人员告知："这里不是二手商品买卖业者来的地方。"于是，松本走访了市政府，表示"想获得行业许可"，工作人员却表示："不发放新的许可证。本来二手商品买卖中的商品就不属于废弃物，也不需要任何许可。"两周以后，松本再次来到警察署转达了政府工作人员的话，警察说："那之后我们也调查了，但现在也搞不清楚究竟是怎么一回事。"

佐藤好以也有过几次被巡逻车拦截，并带到警察署接受讯问的经历。据说佐藤出示了东京都公安委员会发放的二手商品经营许可证，表明是正当的商业行为之后，警方也很困惑地问道："你收集的东西难道不是非法废弃物吗？"全国各地经常有拿着回收宣传单的客户质问回收业者同样的问题。

整改空地型回收业者

　　岐阜县警方首次依据环境省的通知，追究回收业者的法律责任。2013 年 4 月，岐阜市警方以涉嫌违反《废弃物处理法》为名，对经营回收业的"5S"（FIVE S）公司负责人和工作人员进行逮捕。具体理由是该公司在不具备一般废弃物收集搬运行业许可的情况下，擅自从居民手中回收电视机、洗衣机和电冰箱等家用电器，废弃置于自家公司空地。岐阜市根据环境省发布的通知将其判定为废弃物，对该公司进行起诉。

　　笔者曾亲赴现场考察。废弃物堆放的空地位于长良川以北，岐阜县 53 号高速公路南侧的住宅区与田地交界的一角。当地居民说："以前这里立着'免费回收'的牌子，旧电视堆积如山。"出事以后，二手家电回收业者的亲戚家人已经全部搬走清空，如今这里已成为一片空地。

　　在市政府办公室，环境事业科负责人为笔者讲解了事件的整个过程："问题的关键在于将电视机等四类家电用品置于风吹日晒的空地中。所以，商家强调'将这些商品作为二手商品回收使用'的理由是讲不通的。大部分回收商品都是经过重型机械粉碎后，被当成废品（钢铁废料）出口。"

2009 年开始，类似的空地型回收企业在市内越来越多，2010 年达到 58 个。给周围的居民造成很大影响，于是开始突击检查。大部分相关业者都撤走了，还有一些企业进行了整改，在空地上盖起屋顶，但只有"5S"公司面对四次限期整改令拒不执行，最终被起诉。这件事之后，市内的空地型回收企业已经减少到 11 家。

然而在其他地方，不法业者利用卡车回收不用品，并向消费者收取处理费的事件屡有曝光。

取得收集搬运行业许可极其困难

环境省回收推进室室长庄子真宪说："想要回收不用品的话，只需取得市町村颁发的废弃物收集搬运行业许可就可以了"。但是只要向市町村提出申请，就能够获得批准吗？

一位回收业者曾向东京都内区政府咨询，相关负责人告诉他："你可以参加资格考试，但是想通过考试比登天还难。考了也没用。"这位业者经过调查发现，东京都 23 区内已获得许可的业者联合起来垄断了家庭垃圾的回收业务，以高于市场价格近 2 倍的金额与东京都 23 区达成契约，不承认新加入的业者。在这样的情况下，是不可能再出现新入业者的。

笔者也向岐阜市的工作人员咨询过，得到的说法确实也是

"没有增加许可业者数量的计划"。工作人员向笔者解释了《废弃物处理法》的规定，相关从业者开展业务必须符合市町村制定的包括一般废弃物回收在内的处理计划，二手用品回收业者的活动并不在计划范围内，不能为其颁布许可。而且原本许可针对的对象仅限于一般废弃物的收集与搬运业者，回收使用过的二手商品（持有者自己利用，或者有偿转让他人）相关业者不在许可对象范畴内。

而且，环境省的通知中关于二手商品回收过程中一旦向消费者征收费用，二手商品便等同于废弃物的这一毫无变通余地的规定，使问题进一步复杂化。环境省回收推进室认为："即使在回收业者向消费者有偿购买二手商品的情况下，一旦以搬运费、处理费等名目收取的费用金额超过向消费者支付的购买金额，二手商品即视为废弃物。"但是，某市的工作人员对此非常困惑地表示："现在每天我们面对的情况不能如此简单地一分为二。即使是家电制品零售商在置换商品过程中，回收消费者不用品时，很多时候表面上都不公开收费，但私下却收取高额的手续费。零售商哪里有什么收集搬运业许可。严格来说，也是违法行为。"

按照环境省的规定来理解，便会出现一个奇妙的结构。不用品回收业者向消费者索取搬运费，将商品回收运至二手商品店的过程中，二手商品是"废弃物"，二手商品店一旦对"废弃物"有偿回收，"废弃物"则变身为有价物，即商品。

这么做的初衷无非是防止非法丢弃和不正当处理现象的发生，但是环境省为什么这么喜欢将二手商品视作废弃物呢？随着采访调查的深入，《小型家电回收法》和《家电回收法》两部回收法映入眼帘。

与《小型家电回收法》之间的竞争

环境省发布通知和宣传单的 5 个月后，2012 年 8 月《小型家电回收法》(以下简称《小电法》) 制定。主旨明确由各地方自治体回收家庭废弃的手机、电脑、录像机等小型家电，交由国家认定的相关业者进行分拣后，运至冶炼厂，进行对贵金属和稀有金属的回收。自治体一般采取自觉参加的方式，多数情况下会在公共场所放置收集箱，消费者将不用品放入其中。和《包装容器回收法》规定市町村等各级自治体的收集义务相比，自治体的负担较轻，而且将回收品卖给具有被认定有资质的相关业者也可以获利，虽然金额有限。

但是，客观上也形成了《小电法》与二手用品回收业者之间的竞争关系。对于回收业者而言，将回收商品卖给二手商品店可以获得更高收益，且可卖商品种类更多。

当时，作为该法案的主要构思者，环境省回收推进室室长森下哲表示："如果设计成与《家电回收法》《容器包装回收法》一样的话，消费者和自治体的负担会大大增加。该法案恰恰是为了节省费用，力图将更有价值的小型家电商品在国内实现循环再利用。"

《小电法》实施一年半后的 2014 年 12 月，环境省公布了法案实施以来的数据变化。参与《小电法》渠道回收的自治体共有 754 个市町村，占全国市町村总数的 40%。环境省承担设置回收箱的费用，大大减轻了地方自治体的负担。

但在 2013 年，通过《小电法》渠道回收的小型家电只有约 9700 吨，而《小电法》渠道和其他废弃物处理业者回收的总共约有 2.4 万吨。铁、铝、铜占了大半，金、银、钯占少量，稀有金属回收量更是微乎其微。于是，环境省将 2015 年回收量目标设定为 14 万吨，国民平均每人 1 公斤。

《小电法》实施后，小型家电难以像预想的一样大量回收，原因在于让消费者自行携带家电至特定回收场所的这种回收方式。市町村在回收不可燃和粗大垃圾时有大量的行政力量支持，如果效仿这种做法，固然可以提高回收效率，但是人工费等成本也会大幅提升。某大型冶炼公司采购负责人表示："自治体的回收量太少，根本指望不上。来自北美和东南亚的进口才是主力。"

《小电法》的目的在于禁止废品出口吗

笔者手头有围绕《小电法》立法准备阶段的环境省、内阁法制局和经产省的会议记录（2011年7月至2012年2月）。材料堆在桌面上足有10厘米高，其中有很多有趣的内容，但最令人震惊的内容无疑是环境省对除二手商品外的使用过的小型家电进行出口限制的想法。

发展中国家回收成本低，因此，日本的大多数小型家电都作为废品出口海外发展中国家，这也是难以保证日本国内回收的主要原因之一。留在日本国内的只有每公斤1449日元以上的高价回收资源，比如手机之类。因此，面向出口的二手小型家电用品，即使通过回收业者向废弃者支付费用的有偿交易的方式，一旦二手商品被认定为废弃物，环境省便要对其进行分类检查，判断是否可以出口。

环境省法案第16条对出口使用过的二手小型家电做了明确规定："将其视为一般废弃物出口，适用于《废弃物处理法》第10条规定（包括同法则中的处罚条例）。"因此，国内有偿回收的本不属于废弃物的二手商品，出口时却变成废弃物，根据《废弃物处理法》第10条规定，出口时必须经过环境大臣的检验确认。

环境省的理据是"防止环境污染"。环境省向经产省发布的文件中是这样记述的:"将使用过的家电制品出口他国属于国际上给其他国家造成影响的行为,应当只在极个别的情况下允许跨境处理,即'废弃物'处理。(中略)避免出现'对他国造成不良影响的行为',是现代国家应当承担的责任。"

当然,在废品出口过程中,经常会出现掺杂有废铁等不正当处理的情况,确实应当加以改善。但是,难道应该因此而打击所有的废品出口业者吗?

不出意料,经产省对此进行了反驳:"在国内并未当作废弃物的商品在出口时却被当作废弃物处理,如此做法有借环境保护之名进行不当限制之嫌,也有悖 WTO 的基本原则,因此应当删除第 16 条。"

迟迟不决之际,环境省科长助理向内阁法制局参事官提出商议。

环境省:"围绕 16 条,环境省与经产省的观点毫无交集。邀请外务省局长加入,(中略)四方共同探讨。"

法制局:"'污染状况'如何调查?如何把握?""能到其他国家去现场调查吗?"

环境省:"可以现场调查,分类别检查。"

法制局："如果去调查时发现了土壤污染的话，能说成是数码相机的问题吗？""即使在某一地区出现了环境污染，能说其他地区，甚至其他国家都会在处理日本出口的废弃物时出现同样的问题吗？"

环境省："要对那些强调自身企业一直在认真负责处理废弃物的业者提出反证，也许的确很难。"

经产省以"无法明确肯定是日本出口的废弃品造成海外环境污染，其间因果关系不明确"为由，持续要求删除出口限制。最终环境省妥协了。

2012 年 2 月，环境省在与经产省达成一致意见前夕公布的文件中写道："希望删除关于出口限制的相关规定。对于违法和钻法律空子的海外出口活动，（中略）应当严格执行《废弃物处理法》，对于违法的不用品回收、出口业者，以及露天回收业者（在港口附近租用露天占地，不正当地进行废弃家电制品废料分割处理的业者）予以坚决取缔，进一步强化对废弃家电出口的管理。"为了取缔不具备处理资质的废品出口业者和不用品回收业者，环境省向各地方都道府县发出指导性通告，一个月后发放了刚才提到的数十万份宣传单。

环境省对于小型家电废品出口的限制，目的无非在于确保日本国内小型家电的回收量。在法案规定中，二手商品并不属于限制对象，但不排除一种可能性——作为二手商品回收，却并不具备二手商品价值的东西，最终流入废品出口市场。如果法案通过的话，二手商品回收业者会因为有非法回收垃圾之嫌，而无法开展业务。二手商品业界将会遭受很大打击。

正如在第二章谈到的，国家将不经过《家电回收法》规定渠道回收，流向二手商品交易市场和其他分解处理废品交易市场的去向称为"不明流向"。但《小电法》和《家电回收法》都是在无视巨大二手交易市场的前提下成立的。国家和法律的立场是，如果没有二手商品，消费者会在短时间内淘汰商品，废品回收量增加，加速废弃物回收再生。因此，延长了商品使用周期的二手交易与新品销售构成一种敌对关系。

不用品回收业者成立联合工会

2013 年环境省大量制作并发放的宣传单集中反映了以上问题。本来免费回收家庭不用品作为二手商品再利用的行为并不违法，但环境省完全不顾及这一点。宣传单上的照片是一辆堆满冰箱和电视机的轻型卡车，为了防止二手家电掉下来，绳子绑得很结实。但是，照片下面却打了很大的一个错号。"这不是正常的二手家电回收吗？"针对笔者的疑问，环境省相关负责人解释说："这是经过确认的，该回收业者向消费者收取了处理费，是非常明显的违法行为。"

对此抱有怀疑的笔者费了九牛二虎之力，终于找到了这张照片的拍摄者。他否定了环境省的说法，"一天我在涩谷区走着，看到满载家电制品的轻型卡车，随手拍摄了这张照片。环境省看到这张照片后找到我说是想在宣传单上使用，我同意提供给他们。至于回收业者有没有向商品持有者收费，我根本就不知道。"

2013 年 12 月，佐藤好以等不用品回收业者聚集在一起，成立了一般社团法人"日本二手商品循环回收事业者联合工会"（JRRC），正式会员 667 名，注册会员 1338 名。为了能够使二手商品回收业务更加顺畅地开展，联合会编写了"二手商品循环回收大纲"，在各地举办学习宣讲会。

佐藤先生表示："大家必须成为遵守法律，被社会认可的存在。我们肩负着建设资源循环型社会的责任。"

联合工会成立之初，便以"（宣传单）没有反映真实情况"为由，向环境省提出抗议。不久，环境省将宣传单上的错号改成一句话："不再使用的家电应当'正确'回收！"

3　漂洋过海的二手家电

集装箱里的 526 台二手家电

日本每年向发展中国家出口大量二手家电商品、自行车和日用品等，这些商品究竟是被当地人长久地使用，还是成为非法丢弃的垃圾呢？带着这样的问题，笔者于 2014 年秋前往菲律宾开展实地调研。

晚上 7 点钟，马尼拉一家二手家电用品商店前，停着一辆满载集装箱的拖车。在十几名店员的包围下，集装箱被打开了。一台台电视机、电冰箱紧凑地堆放在里面。电视机上都包着瓦楞纸，为了确保屏幕不被刮花。店员们小心翼翼地将电器抱起，接龙式地开始搬运。

老板尼尔达·弗路雅玛先生如释重负地说："这些都是从日本福冈县运来的，先运到马尼拉南港，卸货在埠头的仓库院子里。关税手续很复杂，正好又赶上入境许可更新，耗时很长，等了足足一周多。因为日本生产的商品非常畅销，所以迫不及待地想早点拿到货。"

尼尔达·弗路雅玛先生经营的"ESP"公司，除了从海外进口二手家电和日用品批发给马尼拉的二手店，还在马尼拉拥有 5 家直营二手家电商店。67 立方米的大型集装箱中搬出来的电视机和电冰箱共有 526 台。卸货大约用了一个小时。除了一个冰箱门掉了，其他商品都没有破损。摆放紧密、不留空隙是避免破损的窍门，据说如果单独装电视机的话，一个集装箱可以装大约 1000 台。大部分商品的生产时间都是 2000 年以后，其中也混杂有一些 1990 年代末期生产的。

卡车将二手家电运往总公司的仓库。翌日笔者参观总公司时，遇到一位名叫约翰·唐的二手电器商，"索尼、三洋、夏普，日本制造的商品品质好，经久耐用，一级棒！"他一边说着，一边对摆放着的电视机逐一核对品牌和新旧程度。约翰·唐在马尼拉及其近郊、宿务岛等地共拥有 10 家店铺。

变成垃圾的东西是没人买的

工作人员在仓库里修理电视机。要为二手家用品安装上符合菲律宾电压的变压器，如果出现什么其他故障，就直接换零件。

尼尔达·弗路雅玛说："我进口的二手家电没有很快坏掉变成垃圾的。如果买到垃圾的话，我的生意还怎么做啊！"进口代理手续费、税金、仓库保管费、集装箱租用费、船运费等的总和，进口一个集装箱要花几十万日元的成本。尼尔达·弗路雅玛在和日本人结婚之后便开始从事这一行业，至今已有 22年了。据他说，发现值得信赖的公司，并长期交往是取得商业成功的秘诀。

昨夜卸载集装箱的店里，摆放着电视机、电冰箱、录像机等二手家电。其中既有 1500 比索（1 比索约合 2.7 日元）的小型显像管电视机，也有 2500 比索的液晶电视机。一位来自马尼拉市内的顾客罗莉爱迪尔·罗兰莎娜女士正在驻足比较，她和丈夫、五岁的女儿一起生活，6 年前买了一台二手的日本制造的电视机。她说："一直都用得挺好的，现在想再买一台。丈夫的工资买不起新品，想再买一台二手的日本制造。"据说她的预算是 2000 比索。

维修费只收零件的成本费

在马尼拉，"LYG"公司经营四所家电商店，社长莱昂多路·嘎托马依堂先生的店里也摆放着电视机、电冰箱、录像机等二手家电。一旁的店员正在维修电视机。嘎托马依堂先生的内弟乘船往来于日本和菲律宾之间，了解到可以将日本低价购入的二手电器用品在菲律宾卖后，于 2002 年开始经营这门生意。

　　嘎托马依堂说："来这里的人，大家生活都很辛苦。卖出去的电器出了故障，大家拿回来修理，我们只收取零件的成本费，不收人工费。很多商品都可以一直使用。"店员中有 5 个人专门负责维修，零部件都是从秋叶原等市场买来的。

　　大多二手商品都是已经使用十年以上的了，作为二手再销售品还可以用几年呢？嘎托马依堂说："平均 3~5 年。但是即使出了故障，也并不意味着只能报废。大家会拿来抵旧购新，我们回收，如果修好还能用，就再放在商店里销售。如果基板坏了，换成中国制造的基板也还能再用。"

　　嘎托马依堂强调说："消费者在报废二手电器时，我们负责回收，将显像管、基板、电源数据线、金属、塑料等材质分类保存，达到一定数量时，再卖给其他回收商。塑料和金属一般都出口给中国。所有的交易都是有偿交易，二手商品不会变成垃圾，不会有一丝浪费。"

　　"ESP"公司也是如此，在维修时只收取零部件成本费。据说这是维系顾客，促使顾客再次光顾的经营秘诀。很多老店都有这样的维修服务。由此可以了解到，二手商品在这里会经过不断维修，实现长期使用。

　　和"LYG"公司一样，"ESP"公司也将回收的无法再次修理使用的二手家电进行原材料分类出售。在"ESP"公司里，一位工作人员一边拆解显像管，一边向笔者讲解，"从显像管上拆下偏转线圈，剪断电线，分离基板。然后就可以分类将零部件卖给其他回收业者了。"据说还可以将显像管的玻璃砸成粉末，用于搅拌混凝土。

就在二手家电海运登陆的马尼拉南港附近的大街上有数百家商店。家电、摩托车、衣物、杂货等各种进口商品在这里销售，顾客络绎不绝。笔者走进一家二手电器用品店，看到有来自韩国、欧盟、日本生产的电视机等电器商品，电冰箱则主要以日本和欧盟生产的为主。店主招呼道："都是从外贸商那里进的货，经过我们的检查维修后出售。能用5年是没有问题的。夏普冰箱才2800比索，这么便宜，您不买一台吗？"

由二手品组装成的中国产新品电视机

在距离马尼拉数十公里的城市，笔者见证了外贸商和二手家电贩卖业者之间的交易过程。据说贩卖业者都喜欢日本制的电视机。工厂的大门和围墙上都没有公司的名字，保安严密地监视着四周。走进工厂，可以看到大量电视机和瓦楞纸包装箱。一部分工作人员正在忙着捆包，长桌另一端的工作人员则忙着更换电视机零部件。

在接待室出现的经营者是一位来自上海的中国人。他给笔者出示了液晶电视机价目表。

商品根据是否经过对象国出口业者的通电检查，分为两大类。18寸液晶电视机，经过通电检查的1030比索，未经过通电检查的870比索。32英寸液晶电视机，经过通电检查的3300比索，未经过通电检查的2800比索。经营者说："进货时，韩国制造和日本制造的价格相同，但是日本制造的质量更好。组装时，电视机外壳用中国制造的。"

内部元件用日本进口的二手品，外面套上中国制造的全新外壳，可以充当新品在店铺出售。经过通电检查的制品之所以定价高，是因为不必经过工厂的检查维修了。在菲律宾的二手市场上这种只把外壳翻新，便冠以各种品牌的"二手翻新家电"，其组装和销售业者大都是中国人。

笔者走出工厂时，听到有人吐槽说："收购价格太高了。加上集装箱租运费，成本太高。而且这公司连正式名称都没有，能拿到政府的许可吗？"最终，这场交易没有谈成。

"舍不得"精神

近年来菲律宾经济不断发展，诞生了乐于购买新品的社会阶层。无论是尼尔达，还是嘎托马依堂，他们的二手家电店铺都有不断萎缩的倾向。但是对于低收入者来说，二手店依然有很高的人气。并且，乐于通过不断维修实现商品长期使用的菲律宾文化依然健在。

2007~2008 年，日本国立环境研究所的研究人员对向菲律宾出口的二手家电进行了为期一年的追踪调查，得出一份题为《亚洲地区废弃电子器械与废塑料资源循环再生系统解析》的报告。在作为调查对象的 575 台电视机中，外表有破损的有16 台，为总数的 3%。有的用黏合剂修复，有的经过研磨显像管修复，不通电的制品则更换基板。

另外，国立环境研究所对马尼拉 9 家店铺的约 100 位顾客做了问卷调查。其中，70% 以上的人收入均在菲律宾（城市区）平均月收入 1.7 万比索以下。在关于购买理由的问题回答中，回答"便宜"的约占 80%。在关于使用时长的问题回答中，回答"用到不能修好为止"的约占 45%，回答"用到有价格合适的商品出现为止"的约占 29%，回答"用到必须要修理时为止"的约占 13%。回答预计使用时长是"5 年"的人最多，加上回答"5 年以上（6~10 年）"的总共达到 66%。数字结论证明这些二手家电的购买主体是低收入群体，二手商品得到反复长期使用，直到不能修好为止。

根据菲律宾政府的统计资料可知，菲律宾 2007 年新生产的家电制品销售数量为：电视机约 116 万台，电冰箱约 63 万台，空调约 46 万台，洗衣机约 46 万台。菲律宾大学的统计数据显示，新电器制品的平均使用年限为：电视机 8 年，冰箱、空调、洗衣机 10 年。有一半超过使用年限的商品流入了二手商品回收渠道。

代替通电检查的可追踪记录

日本和欧洲在向海外出口二手电器时，会插上电源检查电器是否正常运转，但尼尔达和嘎托马依堂等二手家电业者都表示这种通电检查"没有任何意义"。因为最终还要在店铺内检查，如果发现故障，必须更换零部件修好之后，才能拿出来销售。

日本政府导入通电检查的环节是出于对损坏的电器制品出口到海外被当成废弃物不正当处理，从而引发环境污染风险的担心。环境省在要求出口业者必须遵守的指导纲要中规定除了通电检查，还要对二手家电的年代、款式等信息登记备案。2009 年 4 月环境省将电视机列入检查范畴，2014 年 4 月开始将检查规定适用范围扩大到所有的电子器械类商品。

但是，环境省为确定检查措施而设立的研讨会（会议主席北海道大学教授吉田文和），回收推进室考虑到"回收业者怎样都会反对"，因此从一开始便没有进行信息公开，也没有给作为相关利益者的二手业者提供意见反馈渠道。因此，二手家电回收管制法案一经公开，舆论哗然，马上遭到二手家电回收经营业者的强烈抗议。经过公开讨论，相关法案做出修改。最终确定了可以通电检查，也允许其他检查方法的更加具有灵活性的规定。根据笔者手中非公开的审议记录可知，会议过程中出现多种意见："有必要对不仅是日本，还包括进口当地方面应承担的环境保护责任做出规定。"（会议主席吉田）"研究者的讨论很有必要，但是行政方面将其作为问题进行处理为时尚早"（寺园淳委员，下文详细介绍）。总之，委员们之间意见分歧较大。

尽管如此，要求对所有电器制品进行通电检查究竟是否具有实效性呢？一位二手电器出口业者明确表示："我们不做，因为进口方没有要求。"

前文提到的大型二手家电出口商"浜屋"公司选用了其他方法。"浜屋"公司向环境省提交了确保商品具有可追踪性的方案，作为特例获得认可。出口公司与进口业者签订环保契约，当出现破损等对象国无法维修的情况时，公司将负责回收商品。对方发现有无法修理的商品，有向公司申报的义务。进口方在确认家电制品是否破损、缺少、有无锈迹等情况后，将结果通报给公司，并返还无法维修的商品。

统括本部部长桥本俊弘说："之前的关键问题点在于，进口业者没有检查商品便直接将其转卖给销售商。因此，现在要求进口业者将申报单交给销售业者，由销售业者将检查结果写好发回日本，从而可以追踪、确认商品的行踪。"类似于记录、追踪工业废弃物从排出到最终处理全过程的"清单（管理票）制度"。"浜屋"公司于2009年导入了这套可以追踪、还原二手商品流通路径的制度，虽然之后曾经也出现过无法与中国澳门和缅甸的进口业者取得反馈联系的情况，但这一制度经过不断试错修正发展至今。

在这一制度下，2009年9月至2014年3月，日本出口菲律宾的113万台电视机中有127台被分为四次，通过货轮和飞机返还日本。2014年4至6月的三个月间，日本向世界25个国家出口的107万台二手家电，报告显示其中有90台无法维修而最终被返还日本，包括从迪拜退回来的电子手表。

据说"南越商会"（位于埼玉县日高市）和"回收重点东京"（位于东京都八王子市）两家公司也都采用了这一制度。

土壤污染成为危害儿童健康的隐患

国立环境研究所资源循环废弃物研究中心副主任寺园

淳，对家用电子产品给发展中国家造成的环境污染问题深有研究。2002 年国际 NGO 组织巴塞尔行动网络（Basel Action Network）公布了亚洲的电子产品垃圾处理现状，引起国际舆论的广泛关注，各国 NGO 组织和研究者开始积极共享相关信息和研究成果。

2010 年国立环境研究所在马尼拉首都圈与近郊地区，对取得许可的废弃物处理设施（两家）与没有取得许可的废弃物处理设施"旧货商店"（三家）的土壤污染情况进行了调查。

在菲律宾，获得许可的处理设施全部处理工业废弃物，家庭废弃的家电一般由被称为"旧货商店""露天回收"等非正规场所进行回收。

检测处理设施所在地土壤中的金属元素（镉、铅、锌等 11 种）含量发现，铜是荷兰标准值的 9.4 倍。其他金属含量与中国台州市、印度班加罗尔等地的处理设施所在地土壤金属含量基本处于同一水平。

非正规处理场所土壤中的镉含量是标准值的 3.1 倍，铅含量是标准值的 9.4 倍，锌含量是标准值的 6.4 倍。铅含量远远高于日本《土壤污染对策法》中规定的每公斤 150 毫克的标准。有数名工作人员血液中的铅含量超过每 100 毫升 10 微克。虽然日本没有相关评定的安全指数标准，但美国卫生与公众服务部疾病管理预防中心的标准值是成人 25 微克，儿童 10 微克。因此，非正规处理场所土壤中金属含量超过了儿童的正常值标准。

走在菲律宾的贫民居住区里，几乎随处可见"旧货店"的广告招牌。笔者进入一家马尼拉的小型二手商品回收店，看到有人正在不断将废报纸、塑料、破旧桌椅等搬进来，工作人员忙着进行分拣鉴定，将他们储存起来，达到一定量以后，用卡车按照物品材质分类运至不同的"旧货店"。

根据国立环境研究所的报告，在这些二手商品回收店里工作的 10~60 岁的工作人员日薪不足 5 美元，负责从基板上进行贵金属回收的工作人员日薪约为 14 美元，略低于菲律宾平均收入，但比其他工作人员要高。尽管劳动环境十分恶劣，且有害健康，但能够确保废弃家电作为资源得到有偿回收，同时也提供了劳动就业岗位。

延长商品的使用寿命，节约资源消耗

与此同时，二手电器回收具有延长商品使用寿命，减少废弃物数量的效果。国立环境研究所的《亚洲地区废弃电子器械与废塑料资源循环再生系统解析》报告中对两种情况做了比较：日本使用了 10 年的家电制品，出口到菲律宾再使用 5 年，然后废弃；日本使用 10 年的家电制品直接在日本国内废弃，菲律宾使用新制品。结果，相对后者，前者能够节省 40% 的资源消耗。

但是，日本废弃的二手商品，出口菲律宾延长使用后最终废弃的情况，相当于将回收费用转嫁给菲律宾。

吉田绫主任研究员在研究所的主页上写道："8~14 年前日本生产的电视机，经过菲律宾的维修后得以继续使用，从代替菲律宾国内对新品电视机需求的角度而言，确实减轻了新品制造过程中的环境负担。但是，如果以不规范的方法对二手电器制品进行处理和回收，也存在环境污染的风险。因此，伴随着处理和回收过程中可能出现的环境污染，不仅限于日本的二手家电，在新品制造时也应当充分考虑这一问题。"

废弃的家电制品和电子器械带来的环境污染现象，责任不仅仅在于二手家电销售业者和出口业者，同时如何确保生产业者生产的商品中不含有害物质，也是应当认真思考的问题。

国立环境研究所资源循环废弃物研究中心副主任寺园淳表示："看到家族经营的二手旧货店里，孩子们烧排线提取金属铜的情景，我非常痛心。当今国际社会中，向发展中国家出口二手电器制品的相关管理逐步强化、完善，是大势所趋，日本也不例外。但是，类似菲律宾这种有一边维修一边持续使用商品物件传统的国家，或许应该有另外一套标准。"

向日本出口打印机基板

从电器制品的基板上提取贵金属和稀有金属，可以实现较高的收益。但是，不规范的处理有可能造成环境污染。如今，有一些日本企业正在如火如荼地从菲律宾收购电器制品的基板，运回日本国内的冶炼厂进行贵金属和稀有金属回收。

"浜屋"公司于 2013 年秋开始进军电器基板回收业务。其子公司的厂房位于马尼拉郊外的一处回收循环设施集中的地区，当地有很多聚酯瓶压缩设施和肥料工厂。从菲律宾收购电子制品的基板，分拣后运回日本，卖给冶炼厂进行回收。

在体育馆一样的建筑中，22 个菲律宾青年对基板进行进一步分割。用螺丝刀将打印机基板拆解后，丢进大型集装袋。这些集装袋分为"PCB SERVER""PCB MONITOR"等十种，共三个等级。指导当地工作人员作业的高级技工高坂信幸说："同样是基板，但金属含量有很大差异，确定这一点非常重要。"20 岁的工作人员博尼帕齐奥说："一开始很不适应，但慢慢就习惯了。每天的免费午餐很好吃。"子公司古山朋二社长骄傲地说："大家工作很卖力。因为当地的失业率很高，所以大家都很感激我们。"

48 公斤基板可以赚 6600 比索

"浜屋"公司的工厂除了处理大批量卖家的业务，也接待个人电子基板销售者。

60 多岁的多明戈先生，骑着自行车挨家挨户回收电视机和电脑，把拆下来的基板拿到这里。这天他带来的基板有 48 公斤。电脑内存和手机基板每公斤价值一千多比索，电视机基板要便宜一位数。多明戈先生的基板估价为 6615 比索，从"浜屋"公司的会计西田幸枝手中拿到钱时，他显得非常高兴。

西田幸枝说："每次看到因为卖得高价而兴高采烈的面容，我也很开心。收购日本出口的二手家电上的基板，送回日本进行资源回收，不是商业交易，对菲律宾的环保事业也有益。"

2013 年经产省进行了一个模拟实验。拿到补助金的日本企业在菲律宾宿务岛回收手机，将基板送回日本回收，其他残渣在当地设施处理。模仿日本《小型家电回收法》中的做法，在当地公共场所安置回收箱，通过各种方式呼吁民众自觉回收。但是，因为是免费回收，所以回收量极小，结果只能从"二手店"购买。

试图在有偿回收的世界里导入日本无偿回收的做法注定是要失败的。日本政府、企业如何在充分利用当地的文化传统和产业结构的基础上，对环境保护做出贡献是当前面临的一个重要课题。

第四章

垃圾行业的最新动态

持续清理整治香川县丰岛的垃圾非法丢弃处理场
（2005年10月）

1 焚烧工厂供过于求

垃圾不足

在垃圾量直线增长时期，自治体在焚烧设施和填埋处理场的开发与装备方面下了很大力气。说起垃圾处理，一度就只有"焚烧填埋"一种处理方式。但是，泡沫经济破灭后，经济停滞，垃圾减少，循环再利用的发展进一步加速了垃圾的减量化。象征着垃圾处理的焚烧设施进入了过剩时代。

2013 年至今，全国由市町村组成的合作工会运营的焚烧设施共有 1172 个。与 2010 年相比，减少了 20%。但是由于还有很多小型焚烧设施，所以和世界其他国家相比，焚烧设施总量依然领先。垃圾排放量由 2002 年度的 5161 万吨减少到 2013 年度的 4487 万吨，焚烧量由 4031 万吨减少到 3373 万吨，减少近 20%。但是，日平均焚烧能力由约 19.9 万吨减少到约 18.26 万吨，减少不到 10%。2013 年度的可焚烧量超过实际焚烧量的 40% 以上。

"梦之岛"是位于东京都江东区荒川河口部的垃圾填埋场。当年垃圾处理工厂的建设跟不上垃圾增长的速度，每天有大量的垃圾被运到这里，臭气熏天，蚊蝇滋生，江东区居民怨声载道。当时的东京都知事美浓部亮吉宣布要在这个"臭名昭著"

的地方发动一场"垃圾战争"。之后在这里修建公园，铺设绿地，建成的第五福龙丸展示馆吸引了很多市民和游客来参观。

西侧有一个白色的船型巨大建筑，充满摩登气息。这里是由东京都 23 区清洁联合事务行政工会负责管理运营的新江东垃圾处理厂，是当前日本国内最大规模的垃圾处理工厂，日处理量可达到 1800 吨。

这家工厂于 1998 年竣工。当时泡沫经济已经破灭，垃圾排放量从 1989 年的顶峰急速下降，竣工的前一年实现了垃圾的"全量焚烧"。但是，东京都认为垃圾不会一直减少，只要经济恢复景气，垃圾会再次增加，有必要继续建造垃圾处理设施。

垃圾在减少，垃圾处理工厂却持续修建

1950 年代，东京都内垃圾的飞速增长成为一个巨大的社会问题。垃圾焚烧后不断填埋在内陆和海底，已经临近极限。著名的"梦之岛"14 号地（占地 45 公顷）就是最初填埋东京都 23 区垃圾的地方。东京都于 1963 年制订了长期计划，计划在 7 年之后的 1970 年实现垃圾的"全量焚烧"，但是，垃圾的增长速度过快，1966 年便突破了预测中 1970 年的垃圾量。东京都提出在各个区建设垃圾处理工厂的计划，1969 年的垃

圾排放量突破了 300 万吨，1989 年达到约 613 万吨，成为历史最高纪录。

　　但是，泡沫经济破灭后，垃圾量急速下降，江户川垃圾处理厂于 1997 年竣工，实现了垃圾的全量焚烧。

　　在垃圾持续减少的情况下，出现了垃圾处理厂无法维持正常运营的风险。其中面临问题最严重的就是规模最大的新江东垃圾处理厂。这里的老员工讲："厂长为了确保垃圾量，曾经费了九牛二虎之力与事务局协商，接收了本来禁止搬入的被怀疑是千叶县排放的生活垃圾，'只要能确保垃圾量'就不管是哪里的垃圾了。"

　　东京都 23 区清洁联合事务行政工会于 2006 年制定了《一般废弃物处理基本计划》，该计划认为到 2008 年垃圾量（大部分是可燃垃圾）会有所下降，之后一直会持续增长到 2020 年。

　　2006 年，当时的工会干部对笔者讲："垃圾减少的现象会消失。人口不断增长，垃圾也会越来越多。"但是，随着回收再生利用的推进，可燃垃圾不断减少。工会于 2010 年修订了计划。预测垃圾量从当时的 296 万吨下降至 2020 年的 288 万吨。但是垃圾的减少速度远远超过预期，到了 2013 年，垃圾量已经减少到 282 万吨。2015 年 2 月再次修订计划，预测 2020 年的垃圾量为 275 万吨，2029 年的垃圾量为 273 万吨。

预测数值总是超过实际垃圾处理量。之所以预测数值与实际数值之间会出现巨大的差异，难道不是因为想要逃避或延缓那些多余的垃圾处理厂即将面临的停业、停产问题吗？如果预测到将来的垃圾量大幅减少，那么当前就必须要开始探讨各个区的垃圾处理厂何时停工，并制定相应的方案对策。但是，这样一来，会引发很多新的麻烦，如垃圾处理厂的选址问题、裁员问题等。

在工会的计划中，到 2029 年为止，进入改建期的 12 个垃圾处理厂中的一半都要重新改建，剩下的经过修复后继续使用，将保留全部的垃圾处理厂。21 个处理厂的焚烧能力为平均每天 1.02 万吨（包含重新改建中的两个处理厂），一年运转 283 天的话，能够焚烧约 339 万吨垃圾，是实际焚烧量的 1.25 倍。如果回收到的垃圾进一步减少，数字差距会继续扩大。但是，工会企划室室长柳井薰表示："为了减少二噁英的产生，20 世纪 90 年代至 21 世纪初期新建了大批垃圾处理厂，同时也改建了很多焚烧处理设施。20 年后将迎来更新期。重新改建期间，垃圾不得不由其他的垃圾处理厂焚烧处理，届时将会很紧张。"

2013 年度东京都 23 区的垃圾循环利用率平均为 18.3%，低于 20.6% 的全国平均值。但是，如果进一步推动垃圾回收循环再生，垃圾的焚烧量将会继续大幅减少。因此，不同于工会的说法，垃圾处理厂停产、停工一定会在不久的将来成为现实。

想用垃圾填埋滩涂的名古屋市

名古屋港的港湾深处，是约 300 公顷的藤前滩涂。这里是往来西伯利亚与澳大利亚的沙锥和鸻的中转站。

岸边是环境省的稻永野生观景中心，孩子们在这里用望远镜观测野鸟。国家委托 NPO 法人"藤前滩涂守护会"负责中心的运营。原理事长辻淳夫先生一直致力于滩涂保护工作，他说："滩涂没有被垃圾填埋是一件好事。我做过大量的生物调查，发起过签名活动向市议会抗议，也曾怀着不得已的心情参加过市长选举。总之，为守护滩涂而被动员起来的社会舆论阻止了名古屋市的垃圾填埋计划。"

藤前滩涂前面就是港区的垃圾填埋地，耸立着巨大的烟囱。名古屋市南阳垃圾处理工厂坐落于此。该处理厂 1997 年竣工，拥有一天可以焚烧 1500 吨垃圾的处理能力。以前在名古屋市，焚烧和填埋垃圾是市环境局的一项工作。垃圾量持续攀升时期，除去可再生利用的资源垃圾的垃圾处理量为 1993年 90.8 万吨，1998 年 99.7 万吨。

焚烧工厂的处理能力不存在任何问题，但位于岐阜县多治见市内的垃圾填埋场的可利用空间越来越少，于是名古屋市准备将藤前滩涂作为新的垃圾填埋场。

1998年负责垃圾填埋事业的干部曾经对笔者讲："和野鸟相比，确保市民生活更重要。不能填埋的话，市内到处是垃圾，那怎么行呢？"松原武久市长和当地的议员们来到永田町的国会议员会馆寻求政策支持。据说爱知县出身的前参议院议员大木浩拜访了环境厅长官真锅贤二，向其施加压力，试图确保名古屋市的垃圾填埋计划顺利通过，但被真锅贤二严词拒绝，他说："我尊重环境厅的立场，并已决定这么做。"

其实，大木浩曾经担任环境厅长官，当时环境厅自然保护局想要终止将滩涂作为垃圾填埋地的计划，但是大木浩接受了当地主张推进计划派人士的陈情，在他的干预下，环境省最终没有终止这一计划。真锅贤二原本是首相大平正芳的秘书，后逐步成为政治家，在中日环保交流等环境外交方面颇有建树，在保护朱鹮等国内自然生态方面也做了很多工作。

1998年，环境厅长官真锅贤二向企划调整局局长冈田康彦下达指示，要求环境厅"团结一致，共同处理"。同时环境厅要求国立环境研究所分析滩涂垃圾填埋地对周边环境造成的影响。在取得自民党的支持后，一份报告被摆在名古屋市政府面前，研究报告得出结论认为垃圾填埋地会给滩涂和周边环境造成不可挽回的影响。强硬主张滩涂垃圾填埋地的只有当地的民主党议员。失去自民党支持，陷入孤立的名古屋市最终只得取消了滩涂垃圾填埋地计划。

卸任后的真锅贤二对笔者讲："在任期间，印象最深的一件事就是藤前滩涂保护工作。1998 年秋，我私下视察了藤前滩涂。以前也曾经去过那里，非常怀念。见到作为大自然奇迹残存的滩涂，当时下定决心一定要保护好这里。"

取消填埋计划的名古屋市，于 1999 年 2 月提出"垃圾非常事态宣言"，开始大力推进资源垃圾的回收与循环再生事业。

关于家庭垃圾，名古屋市扩大对玻璃瓶、金属罐的回收，强化集团资源回收的力度，同时开始对容器包装塑料进行分别回收，使用官方指定的半透明垃圾袋。

另外，禁止生活垃圾进入资源垃圾处理设施，同样使用由官方指定的垃圾袋。

名古屋市的垃圾处理政策由焚烧填埋转换为促进垃圾减量和回收循环利用，垃圾量大幅减少。2000 年度除去资源垃圾的其他垃圾处理量为 76.5 万吨，2013 年减少到 62.5 万吨。但是，在垃圾收集、分拣和保管等环节投入大量资金，造成垃圾减少费用却增加的"回收贫困"现象。之后，名古屋市开展民间委托、竞争投标等多元化削减政府投入经费的做法。2013 年度的垃圾回收处理费达到 228 亿日元，和处于峰值的 2000 年度相比，节省了 20% 以上。

横滨市的 G30 回收转型

横滨市的垃圾焚烧处理厂相继停业引发了社会关注。2005 年"荣工厂"关闭，2006 年"港南工厂"关闭，2010 年"保土谷工厂"关闭。三个处理工厂总共的日均垃圾焚烧处理能力为 3600 吨。做出决断的是当时的中田宏市长。

2003 年 1 月横滨市提出了"G30 计划"，将不包括资源垃圾的其他垃圾总量从 2001 年度 161 万吨，到 2010 年度为止减少 30%。

分类回收由 5 大类 7 个品目扩充为 10 大类 15 个品目，开始对容器包装塑料单独回收，禁止生活垃圾进入焚烧处理工厂，对于不遵守规定的情况处以罚金。于是，垃圾量骤降，2009 年度的垃圾量只有 93 万吨，下降了 42%，提前实现了垃圾减量化的目标。

　　时任市长中田宏对笔者讲："如果沿袭以前的做法,垃圾会增加,相应的处理费也会增加。如今垃圾减少了,焚烧处理工厂的数量也随之减少,从而节省开支。"

　　中田宏在任市长期间,作为垃圾处理厂的"荣工厂"正在更新设备,被中田一声令下叫停。与垃圾处理事业鲜有交集的市民局理事佐佐木五郎被任命为环境事业局局长,对垃圾回收与工作人员的工作意识着手进行改革,绞尽脑汁思考如何压缩回收成本。佐佐木五郎表示:"为保证实现垃圾分类回收,而回收数量不增加这一目标,必须从多方面进行合理化改革。和劳动工会协商,由原来一辆垃圾车搭配三名乘车作业员,改为两名。为了让工作人员对自己的工作产生荣誉感和使命感,要求他们向自己的家人宣传介绍垃圾回收再生工作的过程。同时,充分利用民营回收设施,以公开招标的方式降低政府成本。"

　　横滨市于 2011 年制订了"横滨 3R 梦计划",提出将政策重心从垃圾循环回收,转移到减少垃圾排放(reduce)。为应对温室效应,目标设定为将焚烧处理垃圾过程中的二氧化碳排放量,从 2009 年到 2025 年削减 50% 以上,减量 14 万吨。因此,只有将容器包装塑料和制成品塑料的生产量削减一半,垃圾的焚烧量才能大幅降低。

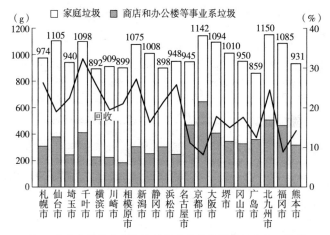

图5 "政令指定都市"的居民日平均垃圾排放量和回收率
（2013年度）

资料来源：根据环境省公布数据制成

再生利用率倒数第一的大阪市

图5是根据环境省公布数据制成的对比图，显示了日本"政令指定都市"*的人均每日垃圾排放量与再生利用率的对比。可见，人均每日垃圾排出量最少的是广岛市，最多的是北九州市。

这一数字包括来自家庭、商店和办公楼的全部生活垃圾，

---

* 全市人口在50万以上，比其他市拥有更多的地方自治权，是日本各城市自治制度中权力下放最多的，类似直辖市。——译者注

同时也包含可循环利用的资源垃圾。从再生利用率来看，排名第一的是千叶市，再生利用率为 32.3%，其次分别是新潟市、札幌市、名古屋市和横滨市，大阪市排名最低，再生利用率仅为 8.2%。

舞洲是位于大阪北港的人工岛，建筑风格宛如梦幻工厂一般的"舞洲垃圾处理工厂"就位于这里。120 米高的烟囱顶端是金色的烟囱冒。七层楼的建筑白色墙面上交织着红色和黑色的花纹。这里一天可以焚烧 900 吨垃圾。

"舞洲垃圾处理工厂"于 2001 年建成，设计师是奥地利著名艺术家佛登斯列·汉德瓦萨。在 609 亿日元的总建筑费当中，设计费占了 6600 万日元。焚烧炉的建设费除以每天可焚烧垃圾的吨数，相当于焚烧每吨垃圾的建设费约 3000 万日元，是 2010 年竣工的"东淀垃圾处理工厂"的两倍。耗资巨大，成为浪费财政税收的象征，但市环境局却辩称"有大量民众参观，已成为著名旅游景点"。

"舞洲垃圾处理工厂"旁边的人工岛梦洲位于大阪市北港垃圾填埋场（73 公顷），西侧是名为"凤凰"的垃圾填埋场，这里由"大阪湾广域临海环境整备中心"运营，负责近畿 2 府 4 县 168 个市町村的垃圾回收处理。整个"凤凰"垃圾填埋场在大阪湾有 4 个处理点，面积约有 500 公顷。与东京都 23 区一样，一个容量几乎无止境的庞大垃圾处理填埋场的存在，对于垃圾减量来说，未必不是一种阻碍。

包括"舞洲垃圾处理工厂"在内的大阪市垃圾焚烧厂共有7家，以前有9家，桥下彻出任市长之后，中止了"森之宫工厂"的改建计划，并于2013年彻底关闭。2014年3月"大正工厂"也被关闭。9家垃圾处理厂的焚烧能力为每日6100吨，一年可达到164万吨（以一年270天计算），是2010年垃圾处理量115万吨的1.4倍以上。

1991年度的垃圾处理量为217万吨，由于经济持续低迷，2013年度减少到102万吨。大阪市也积极开展了包装容器塑料的分类与集团回收，但是实际回收的资源垃圾只有约9万吨，不足横滨市、名古屋市的一半。大阪市的生活垃圾约占全部垃圾的60%，比其他"政令指定都市"的生活垃圾所占比例要高。商店和办公楼等排放的生活垃圾以每公斤9日元的低价被运进焚烧工厂处理。

但是，2013年3月市长桥下彻修订了垃圾处理基本计划，制定的目标是截至2025年，垃圾量要减少10%，达到90万吨。同时，明确禁止废纸等生活垃圾进入焚烧厂处理。2015年4月开始，大阪市的全部垃圾焚烧处理工厂由2014年11月成立的大阪市·八尾市·松原市环境设施工会管理运营。

从公开投标转变为综合评价的方式

全国自治体在选择垃圾处理设施建设的承建商时，也经历了从公开投标到综合评价的方式转变。公开竞标只通过价格决定，而综合评价方式，则通过对环境的影响和技术等要素多方面综合打分，准确判定承建商的资质能力。

实行综合评价方式的契机是1990年后半期出现的工厂承建商串通投标的事件。公平交易委员会对5家大公司下达了整改劝告书，并处以约270亿日元的处罚金，5家大公司上诉法庭，结果以失败告终。之前，各个公司会在竞标之前一起协商确定由哪家公司承担哪个自治体的焚烧处理设施建设，因此各种承建招标的中标率（投标价格与自治体事先公布的计划价格的比率）往往都接近100%。该事件之后，中标率大大下降。由律师和市民组成的"全国公民申诉专员联络会议"对承建企业进行诉讼，要求将其获取的不正当利益返还给自治体。当年的13件诉讼案中有11件获得胜诉，有超过300亿日元被返还给自治体。

但是，神奈川公民申诉专员代表干事大川隆司律师，对综合评价方式提出了质疑。"综合评价方式的评价基准并不客观，所以承建商才会有意靠近订购方，打探其真实意向。结果，形成了政府指派和官商勾结的温床。一度降下来的中标率也很可能会再度恢复。"

自治体一般会将建设工程，以及之后的管理和运营工作一揽子委托给承建商。虽然是民营委托的一种方式，但某垃圾处理公司的社长对笔者说："建筑工程本身不赚钱，承建商承包了之后的管理和运营工作，再外包给相关公司，这个环节非常盈利。'运营 20 年便可赚到建设费的 2 倍'，这已成为业内心照不宣的事实。"

规定修建灰渣熔化炉的义务，造成税金与能源的浪费

垃圾填埋地空间紧张时，国家为了减少填埋量，开始推广建设灰渣熔化炉。在这种熔化炉中，通过高温将焚烧灰熔化，形成沙粒状熔渣，体积减半，二噁英被充分分解，同时也减少了重金属的含量。熔渣可以作为路基建设材料出售。

国家规定从 1997 年开始，自治体在修建焚烧垃圾处理设施时，获取国家补助金（现为"交付金"）的条件是附带修建专门的灰渣熔化设施。

根据一般社团法人日本产业机械工业会的环保熔渣利用普及委员会的统计数据,2011 年度全国共有 124 个灰渣熔化设施。但是，熔化没有热量的焚烧灰需要大量电能、瓦斯和煤油，找

不到大量收购熔渣的买家时，大部分熔渣最终只能送往垃圾填埋场。很多自治体进退两难。根据日本审计委员会 2013 年度的审计报告，22 个都道府县的 102 个处理设施中，有 16 个已经一年以上没有使用过了，17 个设施处理过的熔渣最终都送往垃圾填埋场掩埋。东京都 23 区清洁联合事务行政工会运营的 7 个灰渣熔化炉已经关闭了 5 个，经费从每年 80 亿日元缩减到 20 亿日元。环境省不得不取消建设灰渣熔化炉设施的强制要求。

另一方面，环境省从 1990 年代开始强化对二噁英的排放管控，但之后对焚烧设施造成的环境危害的关注并不多。比如从烟囱中排向大气的水银。环境省设定了江河湖海等水中的环境污染基准，实现了对工业废水的严格管控，但是并没有设定大气中的污染值基准，各地的焚烧设施在持续随意排放污染物。

在德国等欧盟国家，水银、铅等重金属排放量受到严格的限制，排放单位有检测的义务。环境省一直在说，"大气中污染物浓度低，没有管控的必要"。

但是，2013 年情况为之一变。140 多个国家在熊本市召开国际会议，一致通过了《关于汞的水俣公约》，严格限制含有水银的体温计、电池等制品的制造与进出口，并规定对主要排放源的检测与治理义务。

东京都 23 区清洁联合事务行政工会自主设定了基准值，在垃圾处理场内安装了连续检测的装置。但自从安装以来，由于超过规定值，工厂作业自动停止的现象屡有发生。技术科科长塚越浩解释说："一个荧光灯中含有的水银只有 5 毫克。只要不是一次投入几万个荧光灯的话，是不会达到超过基准值的浓度的。因此，应该不单纯是家庭垃圾，而是混有其他的生活垃圾造成的。但是很难确定究竟是什么。"

迫于条约的压力，环境省设定了排放基准，向焚烧设施、冶炼厂等 5 种排放源单位规定了检测义务。

另外，《大气污染防治法》修正案于 2015 年提交给通常国会（预算国会）进行审议，法案生效后，两年之内实施。

虽然政府规定了检测的义务，但如果不是像东京都 23 区那样连续检测的话，是无法掌握排放的实际动态的。很多自治体由于资金预算和人员技术水平的限制，无法照搬东京都 23 区的经验，因此只能按照环境省要求的二噁英检测义务的规定，每隔几年检测一次。

与其如此，不如从源头认真思考如何加强对水银废弃物移动搬运的管理，以及如何进一步加强防止水银泄漏。

2　工业废弃物的非法丢弃历史

青森·岩手县边境的 150 万吨废弃物与污染土

　　不同于家庭、商店、办公楼等排放的一般废弃物，工厂等生产活动中排放的废弃物称为工业废弃物。2012 年工业废弃物排放量为 3.7914 亿吨，是家庭垃圾等一般废弃物的 8 倍以上。曾几何时，日本列岛各地相继发生过多起工业废弃物的非法丢弃事件。

　　从东北新干线二户站出发，在山道中行驶约 30 分钟车程后，视野豁然开阔，来到青森县田子町与岩手县二户市的交界处，这里是一个庞大的"施工现场"。27 公顷的废弃物挖掘场看起来好像一个巨大的火山口。这里就是被称为"青森·岩手县边境事件"的工业垃圾的非法丢弃现场。

　　两县于 2004 年开始清除这里的工业垃圾，2013 年夏进入最终作业阶段。被非法倾倒在这里的工业废料和受污染的土壤共有 150 万吨，其中岩手县丢弃了 35 万吨，青森县丢弃了 115 万吨。废弃物构成包括：焚烧灰、不合格的堆肥、由食品垃圾制成的不合格的 RDF（垃圾衍生燃料），以及装有废油的油桶。这些废弃物通过重型器械被挖掘出来后，与石灰混合并干燥，经过分拣设施分为：15 厘米以上的废弃物、掺杂有金属的废弃物、含大量塑料的废弃物、混有泥沙的废弃物、混凝土外壳等。最终将其在岩手县的水泥工厂等处理场进行加工处理。

岩手县废弃物特别对策室的再生整备科科长中村隆说："净化地下水的工作将持续到 2017 年。县政府已经将这块土地收购，在清理工作完成后，会卖出一部分土地，用以填补处理费用。"

青森县也有分拣设施，将废弃物与石灰混合后，按颗粒直径大小分为三个类别，然后在水泥厂进行处理。水处理设施的过滤处理工作将持续到 2021 年。

工作人员在边境交界地靠近青森县的一个角落种植了山毛榉幼苗。旨在实现环境再生的青森县正在进行一项实验，在清理过有害废弃物之后的土地上种植树木，看树木是否可以生长。县边界再生对策室室长神重则先生说："我们希望能够恢复环境生态，并将其作为宝贵的财产传给后代子孙。"

青森县的相关自治体、居民，以及专家学者组成了"县边境非法投弃现场原状恢复对策推进协议会"，对该地区今后的土地规划开展讨论。其中，八户农协女性部田子支部部长宇藤安贵子提议："希望附近的公民馆可以承担该事件资料馆的角色，清理废弃物用的钱都是青森县居民的纳税金。如果早点开始处理的话，也不会弄成这样。希望县自治体政府的工作人员能够牢记这次事件的教训。"

造成此次事故的"三荣化学工业"公司于1991年取得县自治体颁发的工业废弃物处理业务许可证。该公司打出回收循环的招牌，修建了堆肥生产设施，但混有煤渣和工业废渣的有害堆肥无法出售。公司将废弃物秘密掩埋在厂房内。此外，从1998年开始，埼玉县的"县南卫生"公司也将卖不出去的、用厨余垃圾制成的RDF（垃圾衍生燃料）掩埋于此。

但是，在1998年年底，岩手县官员视察该地区时发现大量堆肥材料暴露在光天化日之下，岩手县警方随即展开调查。2000年5月，警方以违反《废弃物处理法》（非法丢弃）的罪名逮捕了"三荣化学工业"公司董事长和"县南卫生"公司社长。2001年5月，盛冈地方法院宣判两人有罪，并对"三荣化学工业"和"县南卫生"两家公司处以2000万日元的罚款。判决后，由于"三荣化学工业"公司董事长在保释期间自杀，公诉中止。最终，"三荣化学工业"公司解散，"县南卫生"公司破产。

无法利用法律追究垃圾排放者的责任

在这种大规模废弃物非法丢弃事件当中，地方政府往往在接到居民举报后应对迟缓，直到废弃物堆积如山。最后，业者公司倒闭，自治体负责善后。自治体代替业者花费民众的纳税金清理废弃物，覆盖土壤以防止污染扩散。

为此，国家于 2003 年制定了一部为期十年的时限法——《关于消除因特定工业废弃物引发问题的特别措施法》(《工业废弃物特别措施法》)，规定由国家为地方自治体政府补助约一半的垃圾处理费。

在该法案颁布之后，岐阜市发生了超过 50 万吨的大规模废弃物非法丢弃事件。于是，该法案在 2012 年进行了修订，延长了 10 年有效期。"青森·岩手县边境事件"的废弃物清除工作于 2014 年 3 月完成。据说青森县花费约 477 亿日元，岩手县花费约 231 亿日元，总计约 708 亿日元。

但是，利用广大纳税人的巨额税款进行废弃物处理，这样就可以消除民众对环境污染的担忧吗？责任不仅在于非法丢弃的肇事者，还在于委托肇事者处理垃圾的那些排放废弃物的相关业者。在一系列事件中，排放者的责任被凸显出来。

岩手县获得了产生工业废弃物的相关业者保存的记录废弃物流通的清单（管理票）。从中推断出约 1.2 万家公司在生产过程中产生了工业废弃物，连同青森县一同向他们索要相应的废弃物清除费用。笔者有一份从环境省官员那里获得的盖着"谨慎使用"印章的排放废弃物公司的清单，其中赫然列出了多家代表日本的大型企业和大型医院的名字。

岩手县和青森县举行了情况说明会，呼吁各企业补偿缴纳此次事件中政府支付的工业废弃物清除费用，但许多公司辩解说，"自身并没有随意丢弃垃圾"，且"已经缴纳了垃圾处理费"。某位大学附属医院的负责人向笔者抱怨："我们以合理的价格委托了一家工业废弃物处理公司回收处理医院的垃圾，我们没有任何过失，为什么要追究我们的责任？"截至2015年6月，有49家公司向岩手县支付了5.7256亿日元，有24家公司向青森县支付了4.9500亿日元。但这些还不到清除垃圾成本的2%。

实际上，在2000年修订《废弃物处理法》时，废弃物排放者的责任已经得到进一步强化。新增加了一条规定，即如果企业向废弃物处理业者支付的处理费过低，或者出现疏于监督检测的情况，自治体政府可以下令要求企业清除非法丢弃的废弃物。岩手县最初可能就是以此为据下达了要求涉事企业清除垃圾的指令。

但是，县自治体政府的顾问律师表示："除非企业方面存在重大过失，否则是行不通的。如果排放废弃物的企业将自治体政府告上法庭，自治体政府很可能会败诉。"最后，岩手县决定根据委托处理废弃物的量，并参照企业自愿的方式，向各企业要求缴纳废弃物清理费。县自治体负责人向笔者透露："环境省很期待地方自治体能够在法庭打赢官司，推动今后政策的有效实施，但我们可不敢冒这个险。"

追究废弃物排放者承担责任的制度源头可以追溯到1991年的《废弃物处理法》修正案。1991年厚生省开展《废弃物处理法》的修订工作。供水环境部计划科科长荻岛国男曾试图给废弃物产生排放企业规定一项义务，即企业必须以适当的价格将废弃物委托给废弃物处理业者处理。但是由于生产行业的抗议，该构想未能实现。当时作为审议会专门委员的社团法人全国工业废弃物联合会会长铃木勇吉回忆说："垃圾的随意流通导致了非法丢弃和不当处理。我和荻岛先生同样主张应该彻底强化废弃物排放者的责任，但生产业界的反对太强烈了。"

"伪装回收"始于香川县丰岛

尽管如此，《废弃物处理法》的修正案还是在一定程度上加强了对非法丢弃行为的处罚。这是由1990年代在香川县丰岛上发生的大规模非法丢弃约50万吨废弃物的事件引发的。位于香川县土庄町的丰岛是一个约14平方公里的小岛，岛上居住着约 800 人。

自 2003 年以来，受污染的材料和土壤被运送到丰岛西面的直岛，在"三菱综合材料"直岛冶炼厂中的香川县的熔融设施中进行处理。处理过程中，进一步发现了被污染的土壤。废弃物和污染土由最初的 66.8 万吨变为约 92 万吨。

整个垃圾清除工程得到了国家《工业废弃物特别措施法》的支持，于 2016 年结束，共花费了约 520 亿日元。但地下水净化工作还在继续，预计 2022 年完成。

推动垃圾清理工作的是由丰岛居民组成的"废弃物对策丰岛居民会议"。该组织与香川县自治体政府进行了持久的交涉。1998 年真锅武纪就任香川县知事，在他的努力下，2000 年香川县自治体政府与丰岛居民达成协议，确定在直岛进行废弃物处理。

丰岛事件只是其后一连串大规模非法处理废弃物事件中的一个代表案例。丰岛事件之后大量发生的是一些企业谎称制造可循环再生的制品，实际对其进行非法丢弃，即所谓的"伪装回收"。

"伪装回收"的主角是丰岛综合观光开发公司的经营者。这家公司起初利用造纸污泥、食品污泥和牲畜粪便作为蚯蚓饲料，养殖蚯蚓，将蚯蚓吐出的分泌物作为土壤改良材料出售。

商机热潮过后，该公司又将目光投向汽车的粉碎废料和塑料绳等难以处理的废弃物的加工回收业务。于是，公司向县自治体政府表示将"有偿收购废弃物，从中进行金属回收"，开始了加工处理业务。此后，由于焚烧废弃物造成的烟尘严重影响了居民的生活，居民召开集会表示反对，据说当时县自治体政府负责人以"回收金属，而不是处理废弃物"为由向民众解释，包庇了该公司的行为。最后，直到1990年兵库县警方掌握了该公司将有害废弃物从县内工厂运往丰岛掩埋的情报，警方以涉嫌违反《废弃物处理法》（非法丢弃）提起诉讼，其间非法丢弃的现象一直没有停止。

"伪装回收"背后的政客身影

2004年岐阜市发生了一件75万立方米废弃物的非法丢弃事件。工业废弃物中间处理商"善商"公司向岐阜市政府说明公司的经营内容是处理破碎混凝土外壳，制造和出售混凝土制品。但事实并非如此。一位废弃物处理业者告诉笔者："我曾经被该公司社长叫到加工处理现场观摩，看到电铲将焚烧灰和混凝土混合，然后埋在一个挖好的洞里。社长告诉我'有官员撑腰，不用担心。什么样的垃圾我们都承包处理。'但是我拒绝了这笔交易，因为这是违法行为。""善商"公司的社长后来因涉嫌违反《废弃物处理法》（非法丢弃）而被逮捕。

岐阜市经过钻探发现了地下掩埋的大量混凝土外壳和木屑，据说之后岐阜市试图向"善商"公司下达清除垃圾的命令，但是岐阜县和警方表示反对，认为"并没有对生活环境造成重大影响"。当时，对"善商"公司进行介入调查的岐阜市方面的负责人向笔者透露："'善商'公司对县议会的重要议员进献了政治献金，前任社长是市议员的亲戚。上司曾经忠告我：'那家公司背后有政客，最好不要碰'。"

2005 年曝光的大型化学制造商"石原产业"公司（大阪市）非法丢弃 72 万吨工业废弃物的事件，也属于典型的"伪装回收"。该公司将三重县四日市工厂排放的污泥命名为"费洛西莱特"，将其作为用于回填土地的循环再利用材料出售。

如果将废弃物污泥运至垃圾填埋场处理的话，费用约为每吨 1 万日元。当时三重县财团法人经营的废弃物处理场每年可以填埋超过 10 万吨以上的垃圾，因此相当于一年节省了约 10 亿日元。"费洛西莱特"中含有有害的六价铬和氟，在出货阶段的工厂检查中，有害物质的含量远远超过了土壤的环境标准值。

但是，工厂伪造了正常的测定值，而且以伪造的数据申请通过了三重县的循环再生产品认证。据说在进行认证时，最初不愿为其通过认证的县相关部门受到了来自县议会议员的压力。在此案中，三重县警方以涉嫌违反《废弃物处理法》（非法丢弃）逮捕了副厂长等四人。最终，副厂长被判处两年徒刑，石原产业公司被处以 5000 万日元的罚款。

管制松懈引发的不当处理

"伪装回收"屡禁不止的原因也在于制度上存在一定的缺陷。关于工业废弃物的处理，在委托处理、中间处理和最终处理阶段，企业有义务通过"清单（管理票）制度"准确掌握废弃物的每一步处理流程与去向。但是，在中间处理阶段，废弃物转化为循环再生原料的那一刻，清单管理工作结束了。因为一旦作为有价商品出售，便不再是废弃物。利用了这一点的不法业者为了节省最终阶段的处理费用，才会选择将废弃物伪装成可再生循环利用的原料，进行非法处理。

当然，就数量而言，虽然大量非法丢弃事件都是违法业者深夜偷偷跑到山中丢弃，但是丢弃的废弃物总量是较小的。

2014 年也发生了一起可称为"伪装回收"的事件。在"大同特钢"公司的涩川工厂（群马县涩川市）出售的用作路基材料的钢渣中，检测到六价铬和氟超过了土壤的环境标准。这些钢渣不仅用于涩川市内，还用于八场水坝的建设，地方行政部门要求该公司清除超标的钢渣。据说，该公司钢渣的售价为每吨几百日元，但同时却要求对方签署更高价格的合同。

实际上，生产工厂支付的钱比较多，生产业者支付的运费等费用高于循环回收业者向生产业者支付的购买废弃物的费用，即形成"逆有偿"的关系时，则应当视其为废弃物。但是，环境省认为钢铁残渣的运费由制造者支付，即使"逆有偿"，也应当认定为循环回收制品。循环回收推进室表示："因为已经确定了销售的目的地，所以不用担心出现处理不当的问题。"然而，涩川工厂认为即使残渣的环境值超标，将其与混凝土混合，降低有害物质浓度至基准值以下就没问题了，因此心安理得地出货，从而构成非法活动的嫌疑。可循环回收物质与废弃物之间的界线模糊，对工业生产界言听计从的这种由放松管制造成的负面影响暴露无遗。

3 将厨余垃圾作为资源加以利用

厨余垃圾循环再生的悠久历史

家庭垃圾中的 30%~40% 由厨余垃圾构成。燃烧与释放卡路里的比例是平均每公斤 600~700 卡路里，不到焚烧塑料制品的 10%。焚烧处理设施中如果没有厨余垃圾的话，焚烧效率将大幅提升。

京都大学环境科学中心的酒井伸一教授按照家庭垃圾中厨余垃圾 40%、塑料 10%、废纸 20% 的比例假设，计算焚烧产生的卡路里。得出的结果是，包含厨余垃圾的家庭垃圾焚烧产生约 2200 千卡，而不包含厨余垃圾的家庭垃圾焚烧产生约 3200 千卡。因此，可知不含厨余垃圾的家庭垃圾的焚烧所得卡路里数值更高，燃烧更有效率。但是，如今几乎所有厨余垃圾的处理都是在焚烧设施中进行。酒井伸一教授说："日本从公众卫生的角度出发，主要以焚烧处理为主，但过去曾经也有一段时间，国家和地方自治体积极开展非焚烧而是循环再生的处理方式。"

早在 1960 年代，地方自治体竞相制造堆肥，但最终普遍无法生产出优质的堆肥。当时，国家曾双头并进地推广堆肥化处理和焚烧处理，但之后的垃圾处理方式还是一边倒地转向了后者。

以石油危机为契机，通产省开始实施"星辰80计划"（1974年至1982年），这一计划旨在实现资源与能源的回收及有效利用。包括利用机器对家庭垃圾进行分拣，将厨余垃圾进行甲烷发酵瓦斯化处理，以及在高速堆肥设施中实现堆肥化处理，将废纸还原成纸浆，将塑料制品经过加热实现瓦斯化，残渣作为建筑用料。但成果有限，计划受挫。

1975年静冈县沼津市开始对可燃垃圾、不可燃垃圾和资源垃圾进行分类处理。"合则垃圾，分则资源"的宣传语备受瞩目，沼津模式一时间成为众多地方自治体效仿的对象。

但是，通过技术回收资源和能源的工作中断了。曾经参与这一计划的神奈川县农业技术中心副所长藤原俊六先生回顾道："如何有效利用厨余垃圾是一个非常重要的课题，但当时机械分拣无法完全清除厨余垃圾中的重金属和玻璃等异物。"

进入2000年后，国家将目光投向了生物质资源。

在此之前，市町村和市民团体在家庭和当地社区进行堆肥化处理的努力一直在稳步推进，但自1990年代后期以来，国家循环回收法制化运动加强，并且 2000 年颁布了《食品回收法》。

2002 年为了防止全球变暖，建设循环型社会并振兴农业和渔业村落，内阁审议通过了《生物质·日本综合战略》。其主旨在于加速开发、利用森林"间伐材"（疏伐材）等未开发资源，以及食品废弃物、牲畜废弃物等生物质资源。之后，国家又陆续提出了建设生物质城市、生物质工业城市等构想。

2011 年，国家颁布了《关于向电力公司采购由可再生能源提供电能的特别措施法》。翌年，引入了"上网电价补贴政策"（FIT），规定以最高价格每千瓦时 39 日元（不含税）的价格收购利用厨余垃圾等生物质资源发电所获电能。

厨余垃圾的地域循环

厨余垃圾似乎终于可以受到重视了，但实际情况又如何呢？

2010 年的一天，笔者从山形新干线赤汤站换乘山形铁路花长井线，一辆柴油火车盘桓在逶迤连绵的山间，40 分钟后到达长井站出口，只见一个手工制成的大看板上写着"欢迎来到绿树花草之町长井"，旁边挂满了孩子们的绘画作品。

山形县长井市以"彩虹计划"而闻名。这一计划简单而言，即市堆肥处理中心对市中心约 5000 户家庭和学校配餐食堂中的厨余垃圾进行分类回收，制造生产有机肥料（堆肥）。农民和市民利用堆肥来种植大米，栽培蔬菜，这些蔬菜和大米被市民再次食用消费，形成垃圾资源的"地域循环"。

堆肥中心位于城市的东北部，那里住宅和农田交错聚集。

每年大约有 800 吨厨余垃圾来自城市中心，将其中约 400 吨的牲畜粪便和约 200 吨的稻糠放在一起混合发酵，可以产生约 400 吨堆肥。有两个用于存放厨余垃圾和牲畜粪便的大坑，混合稻糠后运到发酵槽。15 天后将初级制品在储存器中搅拌，并进行二次发酵。厨余垃圾中含有异物，可以看到储存桶中有刀子、汤匙等各种金属制品。

市民组织"彩虹计划推进协议会"的第三任会长、漆器匠人江口忠博先生说："800 吨的厨余垃圾中有 30 公斤异物。和其他类似的处理设施相比，异物的含量算是相当少的。可见社区一线回收工作把关还是非常严格的。"

堆肥中盐分含量少，其中氮含量 1%、磷含量 0.5%、钾含量 1.5%，新生产出来的堆肥质量很好，内含稻糠，干燥无异味，以每公斤 240 日元的价格销售。

依靠市民的力量

市长内谷重治在办公室里畅谈着自己的愿望："环境基本计划与'彩虹计划'是一致的，都是为了实现废弃物的地域循环再生利用。来自不同立场的人们聚集合力，大家一同为改善地域社区环境努力。我们想本着这样的理念，推动有利于土壤复苏的有机农业的发展。"

"彩虹计划"诞生的契机是 1988 年长井市召开的"城市发展设计会议"。为了让市民参与讨论城市建设的基本方向，市长斋藤伊太郎召集了 97 人集会讨论，并编写了一份报告。之后，以菅野芳秀为代表的 18 位热心市民持续进行讨论，并提出了当地有机肥料自给自足（厨余垃圾循环再生）的构想，以期实现"与自然对话的农业"这一目标。

1992 年，怀着"铺设一条连接现在与未来的希望彩虹桥"这一美好畅想，长井市成立了"彩虹计划推进委员会"。该市在农水省的补贴下，斥资 3.8 亿日元建造了堆肥处理设施（"堆肥中心"），并于 1997 年开始分类回收厨余垃圾。

同时，为了推动"彩虹计划"的实施，专门成立了"彩虹计划推进协议会"，以公开招募的形式产生了约 50 名委员。协议会的工作包括向市民发布通告与宣传，以及与市自治体政府协调各种活动。第三任会长江口忠博先生强调协议会的意义时说:"不仅仅是垃圾回收,其更重要的意义在于以公民为主体开展资源循环利用,推动城市社区的建设发展。"

但是,事情的发展并非一帆风顺。堆肥的购买者以兼职农民为主,而大多数全职农民不愿意使用堆肥。农林科助理蒲生雅之先生表示:"因为产量太小,所以全职农民很难大量使用。"也可能是由于堆肥的营养价值有限,有一定的局限性,主要适合作为农业用地的土壤改良剂使用。

因此,推进协议会为呼吁全职农民使用堆肥,设立了两种蔬菜认证制度:一是"特栽准用型",每1000平方米土地使用2吨堆肥种植;二是"普及促进型",每1000平方米土地使用1吨堆肥种植(大米和小麦为该标准的一半)。大约有30户农家获得了"特栽准用型"认证,种植面积达到20公顷。所种植的蔬菜作为"彩虹计划农作物",在直销店和超市进行销售。

另外,推进协议会的成员于2004年成立了"NPO法人彩虹计划市民农场",大约40名成员致力于蔬菜种植。

其中,笔者拜访了这一NPO组织的副理事长洞口妙子女士,并参观了她工作的农场。放眼望去,充分享受着大自然祝福的黄瓜和樱桃番茄在阳光下闪闪发光。戴着草帽的妙子女士谦虚地说:"我喜欢鼓弄园艺,受到一个朋友的邀请,便租了一块田地耕作。一开始并没有考虑过'资源地域循环'什么的。"

该市受到启发，着手创建了自己的认证系统。除了由厨余垃圾制成的堆肥，由牛粪、猪粪和树皮制成的堆肥也是"彩虹计划村的认证农作物"。农林科助理蒲生雅之先生说："我们的目的是遵循彩虹计划的宗旨，向城市提供安全有保障的农产品。"除了供应有限的厨余垃圾堆肥，该市还扩大对象范围，让更多的全职农民参与利用。

厨余垃圾的回收仅限于城市中心地区，其原因在于周边的农村地区有很多农家可以自己处理，同时也有成本方面的考量。堆肥处理中心每年的运营费用为 2000 万日元，用于厨余垃圾回收的费用为 1150 万日元。除以每年平均收集的 800 吨厨余垃圾，折合每吨成本约为 4 万日元。一位市政府官员说："这比焚化可燃垃圾成本高，因此只能限定在市中心地区。如果全境都采用回收厨余垃圾制造堆肥的处理方式的话，成本太高，无法接受。"维持这种处理方式的关键在于一方面限制回收区域以降低成本，另一方面通过市民参与的推进协议会设定农产品认证制度和市民直营店等举措维系消费者与农户之间的联系。

同样旨在建设地域资源循环型社会，而不断做出各种尝试的自治体还有很多。

从"堆肥化"到"减量化"的转换

2010 年笔者访问了埼玉县久喜宫代卫生工会（由久喜市和宫代町组成）的废弃物处理设施，位于 JR 东日本铁路东北本线久喜站以南约 2 公里的稻田地带。在破旧的垃圾焚烧设施旁，有一个名为"大地恩惠循环中心"的堆肥处理设施。据说是通过厨余垃圾和修剪掉的树枝混合制造堆肥，但只运行了一段时间，如今已经关闭。尽管像长井市一样，每年约有 800 吨厨余垃圾被运到这里，但生产出的堆肥只有约 30 吨。实际上，大多数都被运送到另一座处理厨余垃圾的建筑物中去了。

在那座建筑物中，铲斗车正在搅拌堆积如山的木屑。它被称为"菌床"，是通过将好氧性发酵细菌喷洒在木屑上制成的。除去厨余垃圾的袋子和金属等异物后，将其与菌床混合。在发酵过程中，厨余垃圾逐渐减少，最终转化为水蒸气和二氧化碳。总务科减量推进室主任高山幸人说："因为不断持续地补充填入厨余垃圾，这个木屑垃圾山是不会消失的，但厨余垃圾可以分解减少 90% 以上。只需定期补充发酵细菌即可，并不费事。"

经常有很多地方议员和市民团体组成的参观团来参观，其中有些人主张停止焚烧垃圾，而全部改用这种新方法。工会方面也认为"这种方法的成本比制作堆肥要低"。但一位专家质疑："如果是单纯为了垃圾减量化，花费成本将厨余垃圾与可燃垃圾进行分拣回收是没有意义的。"

最初，工会采用堆肥化处理方法的契机是1990年代的二噁英问题。在焚烧炉的废气中发现了高浓度的二噁英，这使得当地居民反对重建焚烧炉。于是，工会停止焚烧氯乙烯（二噁英的来源之一），并重新设定了环保基数。然而，不久后由于设备老化，重建的问题再次浮出水面。1998年，工会的新熔炉建造委员会总结报告指出，计划将对全部厨余垃圾进行堆肥化处理（每天从30吨厨余垃圾中产生10吨堆肥），以此减少可燃垃圾处理量，并计划安装小型焚烧设施。但是，焚烧炉重建计划由于当地居民的反对而被推迟了。根据与居民的协商结果，两个焚烧炉中只能启动一个。

于是，政府为了减少可燃垃圾中的厨余垃圾含量，开始推进堆肥化处理。2003年在久喜站周边一万户居民居住的地域开始实施，修建了处理能力每天可达4.8吨的堆肥化处理设施（"大地恩惠循环中心"）。但由于设备故障不断，每年只能生产约20吨堆肥。设施建设费共花费5.67亿日元，运营与管理费每年花费8000万日元，折合计算，每吨厨余垃圾一年的处理费约为 18 万日元。业务科科长助理内田久则感叹道："根本无法实现厨余垃圾的全面堆肥化处理。"工会受到居民和议会议员们的批评，开始着眼利用细菌进行垃圾减量化处理，2009年购入了专用细菌。但是，参与厨余垃圾回收的居民比例不高，一万户中只有 56%。

不使用厨余垃圾制造的堆肥

与拥有许多水稻田的前两个市町不同，城市地区的垃圾堆肥处理难度较大，存在很多问题，诸如处理过程中散发的臭味，以及如何确保使用堆肥的农户数量等。

2001 年，名古屋市在千种区和南区开始了针对 200 户家庭的示范业务。之后又扩大到南区的 7400 户家庭。厨余垃圾被带到城外的化肥厂进行堆肥生产处理。

最初，资源化推进室负责人在谈到自己的理想时表示："如果试行成功，希望几年之内在全区全面实施。"但该计划于2009 年 1 月终止了。负责人告诉笔者："堆肥的需求量太小，每吨的处理成本约为 12 万日元，是焚烧处理成本的两倍多，给协助回收的市民造成了很大负担。"

2003 年东京都府中市也启动示范项目，在市内的 5 个垃圾回收站安装圆柱形金属容器，用于收集 200 个家庭的厨余垃圾。将其与城市配餐中心的食品垃圾一起送往城市清洁事务所进行第一次堆肥化处理，然后再送到埼玉县日高市的千成产业公司，进行最终的堆肥处理。当笔者访问该公司时，社长说："堆肥中厨余垃圾的比例为 15%~20%，其余是牛粪、鸡粪和树皮。堆肥本身的质量很好，但因为其中混杂有厨余垃圾，很多农民就是不喜欢用。"

府中市将厨余垃圾以每公斤 56.8 日元的价格外包给垃圾回收业者。"千成产业"公司以每公斤 2.1 日元的价格购入初级堆肥。20 公斤堆肥的价格约为 500 日元，和化学肥料相比，便宜很多，但其缺点在于无法保持其成分恒定。结果，与名古屋市一样，府中市的示范工程也仅仅维持了 8 年。

目前，府中市在南白系台小学校内安装了堆肥处理设施，将生产的堆肥提供给附近的农民使用，农民栽培种植的蔬菜供给配餐中心。但是，这一新示范项目的开展仅仅是以"环境教育"为目的。

根据一般社团法人日本电机工业会的报告，2015 年全日本 60% 的市町村可以享受购买家用厨余垃圾处理器的补贴制度，补贴金额大多为 1 万 ~5 万日元。处理器机型有两种：利用微生物发酵制造有机肥料的机型和通电干燥的机型。不产生臭味的通电干燥型逐渐成为主流。但是，由于每个月 1000 日元的电费，或是臭气等问题，有很多家庭没用多久便不再使用了。

还有一个缺点在于，因为厨余垃圾的回收工作在一定程度上交由每个家庭自己处理，所以地方自治体政府无法掌握具体的垃圾减量进展情况。

粉碎厨余垃圾，并将其排放到下水道的垃圾处理机正在新建的公寓中广泛普及。尽管很方便，但它无法冲走可能导致机器故障的贝壳和骨头，而且有机物会给下水道的污水处理设施增加负担，因此许多自治体市政当局要求用户必须安装污水处理槽。如果解决了这些问题，厨余垃圾的粉碎物将成为宝贵的资源，下水道的污水处理设施可能会转变为从厨余垃圾中提取沼气的循环回收设施。

虽然沼气化处理试验取得成功，但最终采取了全量焚烧的处理方式

很早以前就已经诞生了一项技术，即利用细菌等有机物进行甲烷发酵，并利用甲烷发电。据地方自治体和相关业者组成的"沼气事业推进协议会"称，全国约有 600 处类似的处理设施，其中包括利用农村地区牲畜排泄物的小型发电设施，以及利用地方自治体下水道污水处理厂污泥的发电设施。但是，截

至 2011 年，德国已经拥有大约 7000 家沼气发电厂，日本比这一欧盟主要成员国少了一位数。由于环境省（2000 年之前是厚生省）一直采取侧重焚烧处理的政策，使用厨余垃圾的沼气式发电没有普及。

但是，随着"上网电价补贴政策"（FIT）的引入，情况发生了变化。自 2014 年以来，自治体沼气设施建设费的一半环境开始由省补贴。环境省的态度发生了 180 度的反转，之前一直批评说"缺乏实际效果"，现在环境省废弃物对策科明确表示："大规模设施的话，可以实现高效率的垃圾发电，但如果是小规模的话，沼气式发电是首选。"

另外，德国等欧洲国家从 1990 年代开始，将厨余垃圾作为可燃垃圾回收，经过机器分拣，将有机物进行沼气发酵处理。这一套垃圾循环再生的做法已经相当普及。至 2006 年，德国共有 52 个沼气工厂在运作。在这种方式下，不需要对厨余垃圾进行单独回收，不会增加家庭垃圾回收工作的负担。

看到日本在这方面严重滞后，神奈川县横须贺市计划打造一个可以通过机器分拣厨余垃圾的沼气化处理设施。2002 年，横须贺市与住友重型机械工业公司在市区内建造了实验工厂，使用机器将厨余垃圾与可燃垃圾分离，利用制造出的沼气动力车作为垃圾回收车，并反复实验。4 年后实验结束。研究报告指出，沼气化加工和焚烧相结合的垃圾处理方式，相对于采取全量焚烧的方式，建设费节省13亿日元，运营成本每年节省6000万日元，同时减少二氧化碳排放量6000吨以上。

2006年笔者参观了实验工厂。工厂的负责人是住友重型机械工业公司的工程师，他告诉笔者："利用机器分拣垃圾，制造纯净、稳定的沼气已经不存在任何技术问题。剩下的只看市政府是否采用了。"横须贺市负责人也表现出了积极的意愿："我们也想建造出令其他自治体羡慕的能源循环再生设施。"

然而，之后的情况却发生了变化。住友重型机械工业公司决定退出公共事业建设，提出将实验工厂中积累的技术无偿转让给其他公司，此时市议会保守派议员也站出来对垃圾的沼气化处理提出反对。于是成立了一个特别委员会来讨论这个问题，2010年3月特别委员会向市长提交了一份报告，建议停止沼气化处理，采用包括全量焚烧在内的其他垃圾处理方式。

横须贺市成立了一个研究委员会，分析比较这两种垃圾处理方式。主要成员包括委员长静冈县立大学名誉教授横田勇、全国城市清洁会议技术顾问寺岛均、国立环境研究所资源化处理技术研究室室长川本克也，以及日本环境卫生中心常务理事藤吉秀昭等5人。

横田是原厚生省官员，寺岛是原东京都清洁局干部，川本是原工厂承建商的工程师，藤吉是环境省外围团体的干部。多数委员都是垃圾焚烧处理方面的专家，但对沼气处理未必有研究。

委员会对"经济性""运转安全性""对环境的影响"和"资源循环回收"等6个项目进行了评分。就横滨市究竟应该采用沼气化处理方式，还是全量焚烧处理方式进行投票。投票结果为：支持沼气化处理与焚烧处理并行的14票，支持全量焚烧处理的48票。

但是，细看内容便会产生疑问。全量焚烧处理在"运转安全性"一项上的得分是其他四项得分的四倍，在"二氧化碳排放量少""对环境的影响"以及"资源循环回收"等本应是对沼气化处理有利的项目的投票中，也是支持全量焚烧处理的得分高。一位市议会议员告诉笔者："市议会特别委员会施加压力要改成全量焚烧处理的垃圾处理方式，市政府听之任之，设置研究委员会只是为了让手续看起来名正言顺，所以从一开始结果便已经确定了。"

正好在这一时期，社会上对FIT制度（上网电价补贴政策）导入的呼声越来越高，沼气有望以高价被收购。这一情况本应对垃圾处理方式的选择产生很大影响，但委员会甚至没有谈及。

日本首个机器分拣沼气化处理设施诞生

3 年后，2013 年 4 月，日本首个机器分拣沼气化处理设施在兵库县诞生了。

兵库县朝来市和养父市位于内陆地区。2013 年 4 月两市组建的南但广域行政事务工会建成了"南但清洁中心"，这是一个沼气化设施和焚烧设施配套的垃圾回收清洁处理场。

当笔者参观坐落在山上的设施时，一个圆柱形的甲烷发酵槽映入眼帘。它看起来是侧卧在山上的，直径 6.4 米，长 32 米，容量约有 1000 立方米。加水后再投入已熔化为黏着状的厨余垃圾和纸屑，利用细菌发酵 20 天，即可产生沼气。没有了厨余垃圾特有的气味。负责人北垣瑛章说："当清洁车进入垃圾坑时，打开空气帘幕，确保臭气不外漏。"每年来这里参观的访客人数超过 2000 人。

可燃垃圾连同垃圾袋一同被扔进坑中。然后，将垃圾袋弄碎，进入圆柱形的破碎分拣设备。圆桶内的回旋锤将垃圾粉碎并切割成小块。厨余垃圾和纸张被切碎并掉落下来。将分拣完成的垃圾在搅拌器中加水混合，并转移到甲烷发酵槽中。利用生成的甲烷在发电机中发电。

塑料等分拣剩余残渣在焚烧炉中燃烧，作为热能回收，蒸汽和热水供工厂内部使用。全国共有 49 个利用厨余垃圾发酵沼气的设施，但使用机器分拣的只有这一家。该清洁中心环境科科长高冈好和介绍说："和只将分类回收的厨余垃圾送到这里相比，利用机器分拣可以减轻居民的回收负担，节省分类成本。"

那么，利用机器分拣可以达到什么样的精准度呢？工厂虽然由"TAKUMA"公司承包，但破碎分拣设备由长野县的一家炼铁厂开发研制。将家庭垃圾样品提前送去试验检测，测试机器的垃圾分拣效率。不同种类垃圾的机器分拣结果为：厨余垃圾 100%、纸张 65%、乙烯基类 20%、织物类 15%。高冈科长表示："即使乙烯基或布料进入发酵槽，也不会产生什么影响。残留的残渣在旁边安装的焚化炉中焚烧。厨余垃圾与纸张混合的情况下，和仅依靠厨余垃圾相比，发电效率大大提升。

两个城市人口总数为 5.7 万，处理设施的容纳量为每天 36吨，焚烧炉的处理能力为每天 43 吨，相对人口数量而言，设施处理规模不大，但是沼气发电效率为 18%，大大高于垃圾焚烧发电效率 10% 的全国平均水平。

使用 FIT（上网电价补贴政策）的年售电量约为 1800 兆瓦时，约是发电量的 80%。据说每 500 户一般家庭可获得

7000万日元的收益。焚烧炉由于规模较小而无法发电，但可以进行热能回收，在工厂内使用热水。

和全量焚烧相比，沼气化处理更胜一筹

机器分拣沼气化处理设施看似非常好，但这种方式用了很长时间才得到广泛认同。兵库县在厚生省的指导下，于1999年制订了广域废弃物管理计划，指定在当时有8个町村的南但地区建立一个利用可燃垃圾生产RDF的设施。

南但地区的8个町村成立了"南但垃圾处理广域化推进协议会"，开始研究在焚化设施老化之后采用哪种垃圾处理方式。2003年，对4种方式进行了对比，分别是"RDF化"、"RDF＋碳化或直接碳化"（碳化是指在低氧或无氧条件下将有机物加热分解，生成碳化物）、"给煤机焚烧＋灰熔融"（给煤机焚烧是指移动由金属棒组成的炉排并在其上燃烧垃圾。灰熔融是指将炉排中产生的灰烬高温熔化成炉渣）、"气化熔融"（将垃圾加热分解，产生可燃瓦斯，并将垃圾中的灰烬熔化成炉渣）。最终决定不采用RDF化和碳化的处理方式。

兵库县一直在大肆宣传，强调RDF可加热制成固态燃料，碳化的炉渣可以用作土壤改良材料。但是，经过实际调查发

现，根本没有地方愿意建造这种处理工厂。之后，兵库县设立由专家组成的整备委员会（技术审议会），对"焚烧＋灰熔融"与"气化熔融"处理方式进行打分评价，主要对比成本、技术和环境·循环再生。

得出结果是"焚烧＋灰熔融"的成本低，技术稳定。但"焚烧＋灰熔融"消耗能源多，二氧化碳排放量大。委员之一的福冈大学客座教授浦边真郎先生提议对沼气化处理在内的垃圾处理方式进行重新评估。当时，京都市由工厂设备制造商和机械分拣机制造商开展垃圾沼气化处理的示范实验，吸引了研究人员和各自治体政府的关注。

2004 年 11 月，整备委员会进行了评分和比较，"沼气生物质＋焚烧"获得 114 分，"焚烧＋灰熔融"获得 100 分，沼气生物质处理方式分值上升。该结果上报给南但广域行政协议会（市町长会），但有部分意见认为"沼气生物质化垃圾处理没有先例，存在风险"，因此并未确定采用。2006 年 8 月，委员会再次进行了打分，结果为 116∶112，沼气生物质化处理方案再次胜出，最终被确定采用。

根据自然环境和建筑成本等因素，对旧八町等 8 个地区进行评估，最终确定在朝来市和田山町修建垃圾处理场，并组建了负责运营的工会。2009 年，设立以周边地区区长负责人为中心的"南但垃圾处理设施整备等周边地区联络协议会",推进政府与周围居民的协商工作。

养父市大塚地区区长、协议会会长岩本利幸先生表示:"生产'安全'理所当然是第一重要的,但是如何让周围居民'安心'也是必须要考虑的问题。"关于烟囱中排出的二噁英和氮氧化物等有害气体的排放量,工会为了让周围居民安心,专门设定了比国家标准值更严格的排放值。当地居民们也参观了其他地方自治体的沼气化垃圾处理设施。岩本利幸先生说:"即使被告知'沼气化垃圾处理对环境很好',大家还是会因为不了解而感到不安。所以带领大家参观处理设施,邀请专家给大家讲解。通过增加环境监测点和监测次数等做法,尽可能创造条件让周围居民感到安心。"

2013 年 2 月,负责运营的工会与大藏地区的区会长,以及系井地区的区会长签订环境保护协议,有效期为 25 年,并设立了"南但垃圾处理设施监督委员会"。由 15 名当地居民构成的检查团每三个月进入处理工厂获取环境监测数据。其中一名委员会委员表示:"完全开放由当地居民监督,建立起一旦发生事故或问题,可以马上通报的机制。这样可以加深彼此的互信关系。"

将能源问题纳入视野的沼气化处理设施

2013 年 7 月启动运行的新潟县长冈市的沼气化垃圾处理设施位于信浓川边。这一环境卫生中心，在已有的焚烧设施旁设置了两个垃圾发酵槽和储存沼气的气罐。

2005 年长冈市开始讨论修建沼气化垃圾处理设施，并在 2006 年提出的垃圾处理基本计划中明确规定开展厨余垃圾沼气化发电事业。采用 PFI 方式，灵活运用民间资金，充分发挥私营企业的经营和管理能力，由"JFE 工程公司"等 5 家公司共同投资建立"长冈生物化立方体公司"，由这一公司对处理设施进行为期 15 年的管理与运营（建设费为 19 亿日元，管理、运营费为 28 亿日元）。

该公司的日平均处理能力为 65 吨，可发电 1230 千瓦时。过程中出现的难以处理的发酵残留物废液则交给附近的城市污水处理厂处理。

原本规定每周回收两次厨余垃圾，每周回收一次可燃垃圾，但考虑到夏天的卫生状况，新规定了可以在每周一次的可燃垃圾回收中包含厨余垃圾。目前，实际回收量比原计划的 65 吨（家用垃圾 40 吨，商业垃圾 25 吨）的回收量少了约 30%。

环境设施科科长三川俊克表示："主要原因是回收的生活垃圾不足回收总量的一半。虽然进行沼气化处理的垃圾回收费比焚烧处理的垃圾回收费每公斤低 4 日元，但分拣后的厨余垃圾在存放方面有一定的困难，这可能是一个大问题。"

尽管如此，该公司利用 FIT（上网电价补贴政策），于 2014 年 7 月开始向东北电力公司售电。参观者自竣工以来络绎不绝，2015 年 1 月为止，参观者累计人数已经超过 6000 人。森民夫市长表示："为了构建低碳社会和促进可再生能源的充分利用，建造了厨余垃圾的沼气化处理设施。目前导入这种处理设施的自治体几乎没有，我们将成为今后可燃垃圾减量和能源政策的模范。"

笔者预感到，虽然目前这些设施还只不过是"点"，但这些"点"不久将聚集成"线"，进而连成"面"，从而大大改变以焚烧为主的日本处理垃圾的历史。

4　拥有多种理性主义选择的德国

容器包装垃圾免费，其他家庭垃圾收费

日本人对德国的评价很高，德国被认为是一个在环保方面非常先进的国家。发生了核事故的日本，虽然进展迟缓，但也开始了旨在脱离核能的可再生能源的普及事业，希望以此承担目前总发电量的四分之一。

垃圾循环回收也是如此。德国率先导入了"扩大生产者责任"，即要求生产者承担包装容器垃圾的回收与再生责任，从而实现了较高的回收率和机器分拣率。

在德国，将不同颜色的容器（垃圾桶）放置在路边和公寓住宅区的前面，并按颜色分类回收。例如，黄色代表容器包装塑料，蓝色代表瓦楞纸板和废纸，灰色代表可燃垃圾。

2006 年笔者在德国首都柏林郊区的公寓住宅聚集区散步。公寓外摆放着黄色的垃圾箱，打开却发现里边有装着厨余垃圾的纸袋子，以及各种不同种类的垃圾。相比之下，日本垃圾分类的精细程度远远高于德国。

笔者来到汉诺威市的居民区。屋子前面有一个免费的黄色垃圾袋（gelbe sack），而不是黄色的垃圾箱。高中老师海德

玛丽·丹说："gelbe sack 是免费回收的，因此有人将各种垃圾没有经过分类就一起丢弃了。对于容器包装以外的家庭生活垃圾，政府根据垃圾箱里的垃圾丢弃量收费，所以很多人都将垃圾直接扔进免费的 gelbe sack 里。但是，我不会那么做。"丹还在使用垃圾箱。

　　丹和儿子一起生活，她们居住在汉诺威市的公寓里。该市每两周回收一次厨余垃圾，每周回收一次厨余垃圾和容器包装以外的家庭垃圾，并且每周回收一次容器包装垃圾。家庭垃圾与厨余垃圾分开，并按垃圾箱的大小向市政厅缴纳垃圾回收费，丹老师一家每年支付 265 欧元。

　　住在另外一间公寓的苏拉汗·库恩，每两周回收一次家庭垃圾。他说："我一个人生活，不会产生很多垃圾，所以我选择两周回收一次的垃圾箱，这样很便宜。"

　　居住在汉诺威市郊外的安德莱亚斯·舒楚卡和罗斯皮特夫妇表示："我们只将空瓶放在垃圾箱里，其他的垃圾都分类后装进了收费的黑色塑料袋。看到过有人将混有 10 个足有 20 升液体的瓶子等家庭垃圾丢进黄色垃圾袋。正常情况下，这么多垃圾原本要花大约 7 欧元的，这样做是不对的。"

　　德国 1980 年代中后期开始循环回收容器包装，1991 年确立相关法律。根据材料不同，给容器制造商和商品制造商设定处理许可费（Der grüne Punkt= 绿点），按照生产出货量的多少，向专门对包装废弃物进行回收利用的非政府组织"DSD"，以及其他公司缴纳处理许可费。接受委托的业者将利用这些处理许可费，负责从回收到循环再生的一切业务。截至 2013 年，"DSD"的处理许可费标准是塑料容器每吨 17 欧元，铝罐每吨 13 欧元，玻璃瓶每吨 1 欧元，废纸每吨 3 欧元。由于回收行业内不断竞争，以上价格和当初相比，均有大幅度下降。

高性能自动分拣机发挥威力

笔者曾经走访了位于柏林市"桑迈尔特"公司的垃圾分拣设施。该公司是大型企业"ARUBA"公司的子公司，最初是由柏林市建立的第三部门公司。该公司接受"DSD"公司的委托，对容器塑料进行分拣、压缩和保存。

针对笔者关于黄色垃圾袋中混有大量异物的问题，宣传部部长贝阿贝鲁·尼特阿表示："在每家门口放置的黄色垃圾袋都是半透明的，大家都会顾及邻居的目光，所以异物的掺杂率是 5%~8%。但是，市中心有些地区，可能是社区文化不同，同样的黄色垃圾袋中异物的掺杂率达到 30%~45%。因此，假设回收的容器中混有 25% 的家庭垃圾，这部分费用由地方自治体政府承担。"

　　垃圾中混杂很多异物的问题从一开始就已经被解决了，依靠的工具是高性能红外线自动光学分拣装置。

　　用磁铁从容器包装塑料废弃物中分离出金属，然后进入流水线。工作人员进行去除异物的初步处理后，将其放置到另一条流水线上。当传送到已安装好的分拣设备前时，随着机器发出"嗖"的声音，完成分拣回收。利用光的波长差异，将塑料废弃物分为 5 种：PP（聚丙烯），PS（聚苯乙烯），PET（聚对苯二甲酸乙二醇酯），PE（聚乙烯）和混合物（复合材料）。

　　之后，将各种材料分类压缩，出售给回收商。该公司配备了 13 台自动分拣设备。据说该技术流程是由"DSD"公司在1990 年代开发并推广普及的。

　　材料经过分类处理后，出售给回收商。购入再生材料的回收商再将其制成高质量商品出售。

　　在日本，自动分拣设备尚未广泛普及，很难进行单一材料分拣，多种材料混合的塑料托盘低价流通。德国和日本的思维方式似乎有很大不同，德国认为在家庭内进行垃圾分类有局限性，从而促进了技术的发展，实现了利用精密仪器的机械分拣，而日本则依靠在家庭内进行细致的垃圾分类。尽管日本家庭在垃圾排放阶段做到了很细致的垃圾分类，取得了一定的效果，但分类标准却因城市而异。另外，可燃垃圾中掺杂了废纸、塑料和金属等各种物质，没有进行过充分的分拣和对资源垃圾的回收，便全部在焚烧炉里焚烧了。

在"桑迈尔特"公司，收集的容器包装塑料中有60%可以用于材料回收。剩余的40%是无法分拣为单一材料的复合材质的容器包装，这些或者被运往水泥厂用作生产水泥的原料，或者运往钢铁厂用作高炉还原剂以替代煤炭。

"桑迈尔特"公司大规模导入机械化处理的原因之一是由于竞争加剧"DSD"公司外包的单价下降。宣传部部长贝阿贝鲁·尼特阿面有难色地表示："我们将工人人数从105人减少到一半，并增加了分拣机的数量。但是，在分拣设施工作的大多数操作员和分拣员都是土耳其移民，或者前东德的居民。他们受到了自由竞争的最大冲击。"德国的垃圾高回收率是由低收入、被社会歧视的人们完成的。

聚酯瓶和废纸出口中国

德国每年垃圾排放总量的46%作为资源垃圾循环回收（如果包括堆肥的话，这一数字可高达62%）。但这并不限于国内流通。

笔者走访了总部位于汉堡市的大型垃圾回收公司"Clean Away"，该公司从"DSD"公司的竞争对手"兰德贝尔"公司接受订单，对容器包装废弃物进行回收分拣。该公司的全部工作人员约有3000人，汉堡的工厂里只有150名员工。仅容器包装塑料的处理量一年可达到4万吨。

分拣工厂里聚酯瓶堆积如山。当被问到这些聚酯瓶的去向时，企划部部长雷纳·哈特曼表示："回收到的瓶子有90%出口给中国，剩余的10%面向国内，属于特别照顾国内的相关业者。向中国出口可以卖到每吨150欧元，而在国内则只能卖到每吨110欧元。"该公司每年出口数量可达到3万吨。

聚酯瓶以外的容器包装塑料经过分拣为单一材料之后，全部出口到中国。PS（聚苯乙烯）价格每吨100~120欧元。PP（聚丙烯）价格每吨60~80欧元。废纸不仅出口中国，也出口印度。

在德国，规定回收的容器包装中有超过60%必须进行循环再生，而且其中又有超过60%必须作为原材料再生。其余的则通过化学回收或RPF方式进行能源回收。

2010年，在所收集的1600万吨容器包装中，有71.5%被进行材料回收。回收率（包括热能回收的回收率）为95.7%。仅限于容器包装塑料废弃物，据说在269万吨中有

121万吨被材料回收。

即使是垃圾焚烧处理，也可以达到很高的热能回收率

有很多人认为"德国是一个环保先进国家，是不会焚烧垃圾的"。

笔者走访了位于汉堡市的"MVB"垃圾焚烧工厂。

1994年，受汉堡市及周边自治体的委托，该公司开始运营垃圾焚烧业务，配备了两个480吨的熔炉，每年焚烧30万吨以上的垃圾。委托金额为每吨100欧元，这个价格和日本相比，低廉许多。与市政府签订合同，开展垃圾焚烧业务的还有两家分公司，总公司将包括"MVB"在内的三家分公司牢牢联系在一起。

"MVB"公司企划部部长迪尔科·席盖尔表示："容器包装回收成本价格太昂贵了。我们这里焚烧处理，价格便宜，而且可以产生大量能源。"

1990年代，公司在周边地区安装了供热管道，形成大面积供热网，热能回收率达到67%。从设备规模来看，热能回收设施的大小是焚烧炉的好几倍。焚烧后的灰烬可以用于路基建筑材料。设备工程造价为1.18亿欧元。每吨单价折合成日元约为1600万日元，价格约为日本的一半。同时，该公司还配备

利用废木材等废弃物的沼气发电设施和供热设施。

迄今为止，德国大部分家庭生活垃圾都是填埋处理。但是，由于填埋处理场空间有限，而且填埋的有机物会产生甲烷等有害气体，政府在 1995 年决定 10 年后全面禁止填埋式垃圾处理。因此，当时地方政府感到非常棘手，不知道 10 年后该怎么办。

汉堡是仅次于柏林的第二大城市，人口约有 180 万。自 1980 年代以来一直在努力确保拥有足够的垃圾填埋场。1989 年，这一问题在议会进行讨论，基督教民主联盟提出"多建设焚烧设施"，绿党与社会民主党提出"减少垃圾排放量"，意见发生很大分歧。但是，在垃圾填埋的处理方式有害环境这一点上，各方意见是一致的。

汉堡市取消了原来在郊区建造新垃圾填埋场的计划，采用焚烧处理的老办法。然后，将 150 个建厂候选地点向公众公布，举行简报说明会，最终在将范围缩小到 4 个地点并获得当地居民的理解后，委托"MVB"等私营公司进行建设和运营。

同时，汉堡市大力促进废纸等材料的循环再生，再生回收量约为 90 万吨，超过了约 60 万吨的焚烧量。焚烧量远远低于日本。

汉堡市的城市废弃物管理部部长卡尔·西贝伦给笔者看了一份文件。按照家庭垃圾分类计算的处理成本费。垃圾的回收与焚烧成本平均每吨 300 欧元、容器包装 885 欧元、厨余垃圾堆肥 355 欧元、废纸 38~60 欧元、干电池 1140 欧元、油漆等有害垃圾 2500 欧元。卡尔·西贝伦表示："我认为无论哪种垃圾采用回收循环的处理方式都是很理想的选择，但是必须要考虑成本。有些市民对焚烧垃圾持强烈的批评态度，但我们只能在成本与回收效果之间寻找平衡点。"

根据欧盟和欧洲废弃物与能源联盟（CEWEP）的统计，2012 年德国约有 80 个焚烧设施，2013 年的焚烧处理量为 1756 万吨，约占城市垃圾总量 4978 万吨的三分之一。据说超过 1800 万吨的处理能力是过去十年间增长了 1 倍左右的结果。虽然焚烧量仅约为日本的一半，但每个设施的规模都很大，发电和热能回收结合的能源回收率超过 40%。焚烧设施大多位于工厂和住宅区集中的区域，将热水和蒸汽作为热能供应给当地，成为能源供应基地。

日本拥有大量的小型焚烧设施，目前已达到 1172 个，但只有不到 30% 的设施具有发电设备。此外，由于设施大多位于偏远地区，能够为居民生活提供的热力能源极少，能源回收率与德国相差甚远。

将禁止填埋的厨余垃圾进行沼气化处理

也有一些自治体政府选择不依靠焚烧设施的垃圾处理方案。德国北部的汉诺威市就是其中之一。在城市郊区的垃圾填埋场附近，可以看到三个纯白色的建筑物和三个蓝色的大型储气罐。这里是汉诺威市和汉诺威郡等 21 个地方自治体组成的广域事业体设立的"aha"公司管理运营的机械生物处理设施（MBA、MBT）。被运到这里的 110 万人份的家庭生活垃圾，要经过分拣机分拣出金属和塑料，厨余垃圾等有机物在发酵罐中发酵，产生的甲烷用于发电，残渣在旁边的私人焚烧设施中做焚烧处理。

这里每年可以处理 12 万吨家庭垃圾。除了旁边的焚化设施，还有一个堆肥化处理设施，可以将垃圾填埋量从 30 万吨减少到 7 万吨。该处理设施自 2005 年以来一直在运行。

甚至在汉诺威市议会中，围绕垃圾处理方式也有很大的意见分歧。社会民主党和绿党坚持认为"我们不应该依赖焚烧处理，这会造成极大的环境污染"，而基督教民主联盟则认为"焚烧设施是安全的"。结果，通过对比"MBA"和焚化炉的建设成本，发现"MBA"造价更低。市议会和郡议会出于对环境影响小且建设成本低等考虑，倾向于选择建造"MBA"。

"aha"公司广告宣传部部长弗兰西斯·扎尼提亚表示："之前我们处理垃圾时都是将其填埋到国内最大的垃圾填埋场，但后来政府禁止填埋，我们只得选择其他的处理方式。居民们也都认为不需要大型焚烧设施，所以一旦修建了大型焚烧处理设施，却出现没有那么多垃圾的情况，就很麻烦了。使用带有甲烷发酵的'MBA'技术，可以缩小附属的焚烧设施的规模，并可以进行堆肥化处理。对环境的影响比较小。"

采用"MBA"技术的地方自治体数量有所增加，截至2006年，已有52家工厂投入运营，并且此后也一直在增加。不同于日本主要采取焚烧处理一边倒的情况，德国是将垃圾处理方式的选择权交给地方政府。

汉诺威市的环境市民团体"BIU"代表拉鲁夫·舒特拉哈表示："通过焚烧设施处理垃圾的做法是非常简单的选择，但这样就丧失了减少垃圾排放量的积极性。'MBA'技术不会产生二氧化碳，对环境的影响很小，而且很灵活。原本计划不修建焚烧设施的，但是计划没通过，非常遗憾，只得在旁边增建了焚烧设施。"

押金效果令人质疑，一次性容器增加

笔者走访了位于汉诺威市中央大街的超市。汉诺威拉实

弗拉茨店是大型连锁超市"KAUFLAND"的 500 家店铺
之一。

　　在卖场的最里边，有一台饮料容器回收机，顾客将空的聚
酯瓶和玻璃瓶等饮料瓶放入其中，拿着打印出来的小票和兑换
券到收款台领取返现的钱。德国的零售商店引入了一种押金制
度，即在顾客购买饮料时，支付押金，然后通过回收空瓶退还
押金。一次性容器的押金为 25 欧分（1 欧分约为 1.3 日元）。
与之相比，可多次重复使用的容器为 15 欧分。押金金额差的
目的是促使民众增加非一次性容器的使用。

　　但是，店铺中销售的绝大部分饮料和矿泉水，都在使用一
次性容器。

　　这是为什么呢？店长德鲁克·利斯纳先生解释说："因为
一次性容器更便宜。大型超市在销售啤酒和饮料时，一般都会
统一规定容器的样式和规格。"一次性的 1.5 升矿泉水商品本
体 55 欧分，押金 25 欧分，合计 80 欧分。而另一方面，1 升
的非一次性重用瓶饮料商品本体 53 欧分，押金 15 欧分，合计
68 欧分。折合每升饮料的价格，一次性容器更便宜。

　　推广使用重用瓶的押金制依然在持续。据说目前大约有
80% 的啤酒瓶使用了可反复利用的重用瓶，但矿泉水的一次
性包装瓶在增加，约占 60%。

设定家庭生活垃圾的回收率目标为 65%

2008 年欧盟对废弃物法案进行了修订，设定了垃圾回收目标值，即到 2020 年为止，成员国将实现回收或再利用 50%以上的废纸、玻璃、金属和塑料等家庭生活废弃物。德国已经实现了该目标，因此政府将这一目标设定为 65%。

2013 年开始在几个城市开始进行家庭垃圾一揽子回收的示范尝试——"领航员计划"（Pilot Project，覆盖约 1000 万人口）。"DSD"公司与地方自治体政府展开合作。容器包装塑料及其他制成品塑料和金属制品被集中到一个大规模分拣设施（分拣中心），分拣出金属（铁、铝）和不同材质的塑料，然后卖给回收业者。最后将剩余的残渣焚烧后送到垃圾填埋场。

经产省委托公益财团法人"日本生产率研究中心"的调查报告分析指出，大规模分拣设施通过广泛地集中回收，从而降低成本，能够提供低于原材料价格的高质量再生原料，同时可以大幅提高材料的回收率，以及包括热能回收在内的能源回收率。

同时，欧盟提出了"资源效率"的概念，即尝试通过以可持续的方式有效利用地球上有限的资源来增强欧洲工业的国际竞争力。

该报告结合欧盟的先进理念，分析得出以下结论：

"在日本关于废弃物处理的相关法律制度下，无法实现像欧洲那样废弃物处理机构之间相互竞争从而降低垃圾处理费的竞争环境，因此形成了对焚烧处理设施的隐性有利条件。相对于焚烧处理，材料循环再生的处理方式缺乏经济优势，难以形成拥有大规模分拣中心的市场环境。因此，日本从事垃圾回收和再生资源化利用的静脉产业的分拣设备技术远远不及欧洲，并且今后在基础设施和技术方面的差距可能会进一步扩大。……如果持续热处理式的废弃物管理方式，那么，日本作为循环型社会先进国的国际领导力将无法得到认同，日本静脉产业的品牌力也将很难建立。"

5　无家可归的垃圾：被放射性物质污染的废弃物

2011 年 3 月日本福岛第一核电站发生核泄漏事故，为了处理事故中出现的受到放射性污染的废弃物，国家于 2011 年 8 月制定了《放射性物质污染对策特别措施法》。

▽　放射性物质铯含量低于每公斤 8000 贝克勒尔的污染废物将按照与普通废弃物相同的方式进行处理。

▽　8000~100000 贝克勒尔的废弃物作为"指定废弃物"，由国家负责处理。

▽　福岛县的核污染废弃物当中，超过 100000 贝克勒尔放射性物质含量的废弃物和去污过程中产生的受污染土壤由中转储存设施保管。100000 贝克勒尔以下的核污染废弃物，由民间处理设施负责填埋。

面对 12 个都道府县产生的共约 15.7 万吨含有 8000~100000 贝克勒尔放射性物质的废弃物，环境省计划在宫城县、茨城县、栃木县、群马县和千叶县 5 县内分别修建垃圾填埋处理场，但这一计划遭到了当地政府与居民的强烈反

对而被迫流产。另外，在东日本大地震中岩手县和宫城县产生
了大量"灾害废弃物"，围绕这些垃圾在其他地区进行处理的
问题，表示拒绝接受这些"灾害废弃物"的地方自治体相继出
现。问题究竟出在哪里呢？

因受到微量污染而遭到反对的"灾害废弃物"

　　宫城县和岩手县产生的"灾害废弃物"总量约为 1500 万
吨。单纯依靠地方自治体自身无法完成全部的垃圾处理工作，
因此，环境省试图以跨地域支援的方式推动全国各地方自治体
共同承担这项工作。

　　但是，处理设施附近的居民非常担心"灾害废弃物"中的
放射性物质，而且地方自治体政府也表现消极。在提供援助的
静冈县岛田市、大阪市和北九州市等地，甚至出现了市民的抗
议游行活动。诸如"从焚烧设施中释放出大量放射性物质"之
类的未经证实的信息在网络上泛滥，环境省通过公布焚烧实验
的结果以宣传安全性，但这并没有消除民众对放射性物质的担
忧。环境省宣称："灾害废弃物中只含有微量的放射性物质，因
此是安全的。"但"安全"和"安心"则是完全不同的概念。
而且，在近畿地区和九州地区等完全没有经历过核污染的地
区，对这些所谓的"微量"核污染废弃物的处理没有任何经验

和准备。因此，遭到了当地居民的强烈反对。

尽管如此，也出现了山形县和东京都等积极接收这些含有微量放射性物质废弃物的地方自治体，受灾地区的处理工作也进展顺利，宫城县和岩手县的灾害废弃物处理工作于 2014 年 3 月结束。其他自治体以跨地域合作的方式处理了约 62 万吨，宫城县和岩手县自身处理了约 16 万吨。

环境省对信息进行保密的做法也加重了地方政府和市民的焦虑。例如，环境省宣称"放射性物质含量在 8000 贝克勒尔以下的废弃物可以在管理型垃圾处理场进行安全掩埋"，提出这一结论的机构"灾害废弃物安全评估委员会"是非公开的，会议记录也没有对外公布。当包括笔者本人在内的数名市民要求公开信息并获取会议记录之后，环境省旋即中止继续整理会议记录的工作。环境省事务次官南川秀树和官房长官谷津龙太郎每次都出席安全评估委员会会议，主导审议的方向。一位委员会成员透露说："只要他们出席会议，我就会感到压力。"

放射性物质低于 8000 贝克勒尔就认定为安全的基准是依据一定前提才能成立的。即要求最终处理场的工作人员每年受到的核辐射在 1 希沃特以下。关键在于工作人员的工作环境，由于操作重型机械的时间占据了一半的工作时间，两厘米厚的钢板起到了阻挡放射线的效果，因此暴露在核辐射中的时间被低估了。

有鉴于此，大阪府提出"这一基准是否符合劳动实际情况"的疑问，并单独设立了安全评估委员会。经过公开讨论，制定了更为保险的安全基数——2000 贝克勒尔。许多地方自治体政府纷纷设定单独的安全基准值。在横滨市和相关团体的协议中，横滨市规定可以进入本市最终处理场的废弃物中的放射性物质含量必须低于 100 贝克勒尔。

在各种民营的垃圾处理场中设定的基准往往更加严格。中部地区的相关业者表示："县内基准是 2000 贝克勒尔，其他地区是 500 贝克勒尔以下。"关东地区业者表示："平均 2000 贝克勒尔以下，最高 4000 贝克勒尔。"

盐谷町表示"不接受会给居民带来痛苦的政策"

围绕填埋含有超过 8000 贝克勒尔辐射的核污染废弃物的最终处理场问题，备选地区的当地民众进行了集体抗议活动。

在栃木县，约有 1.35 万吨受到放射性物质污染的废弃物存储在 170 个不同的地方，环境省于 2014 年 7 月选定盐谷町的寺岛入地区作为垃圾最终处理场和焚烧设施的厂址候选地。

2014 年 11 月 9 日，在大雨中，约 1000 名栃木县盐谷町的居民高举写有"最终处理场NO！""保卫家乡"等口号的标语牌和条幅在宇都宫市的主干道上举行游行示威活动。这场游行的组织者是自治会和工商业联合会等各种团体组成的"盐谷町民指定废弃物最终处理场反对同盟会"，他们征集了173573个反对签名，提交给环境省。会长和气进先生表示："我们的生活源自伟大的大自然恩惠，大家都是喝着高原流下来的水长大的。没有绝对的安全。核电站就是如此。"当地有5公顷的水稻田，核泄漏事故发生后，水稻种植受到谣言的影响，刚刚有所恢复，如今又遇到这样的问题。

这一日，在宇都宫市内的公民馆召开了指定废弃物处理促进市町村负责人会议，会上盐谷町町长见形和久先生呼吁："这次关于指定废弃物处理场的选址问题是关系到最大限度减少对人民利益损害的政策性问题。因此，为了确保污染不扩散，要在那些已经污染得很严重，已经难以居住的地方进行集中处理。最大限度地降低对环境和健康的危害风险，减少对经济的不良影响，符合不扩散和集中处理的国际原则。我虽然只是一个小町的町长，但要为1.25万居民的健康和安全负责。我们绝不接受会给盐谷町居民带来痛苦的政策。"

环境省大臣望月义夫表示："我们没有改变过在灾害发生地进行核污染废弃物处理的想法，但福岛县已经不能再增加任何负担了。"此言一出,来自市町村负责人会议的反对意见不断。

鹿沼市市长佐藤信表示:"我也提了不少意见,但结果环境省还是强行要求各个县都要修建最终处理设施。"那须町町长高久胜表示:"环境省单方面向我们提出要求,下达政策方针,我们提出的意见他们也不听,双方没有交集,意见难以统一。"

候选地是自然水源丰富的水源地

从市中心乘车向北出发,从住宅到田间,再到路边,随处可见写着"守护大自然""安心、安全的话,为什么要拿到山里"等文字的条幅和宣传牌。沿着山道行驶大约 4 公里,便到了海拔 600 米的杉树林,这里有很多狸子。正是这片林地被选为放射性垃圾处理地,宽约 80 米,长约 250 米的土地,位于西荒川和林间道中间。这意味着处理场将修建在西荒川旁边。西荒川在下流与那珂川汇合,从茨城县流入太平洋。

距离候选地点两公里的下流地区是著名旅游景点大泷,候选地点东侧是环境省评选出的全国优质水源地"尚仁泽泉水",这一地带有大片阔叶林。

一位从事清洁工作的女士感叹道:"这里的泉水很甘甜,很多人都会带塑料瓶来这里取水。但如果在这里建了放射性垃圾最终处理场，就不会有人再来了。"该町于 2014 年 9 月制定颁布了《盐谷町高原山·尚仁泽泉水保护条例》，将包括拟建候选地点在内的高原山麓一带指定为自然保护区，当在该地区内开展新的业务活动时，必须获得该町的行政许可。

但这已经是环境省第二次将栃木县内地区选定为放射性垃圾处理场了。第一次是民主党执政期间，矢板市的大石久保地区的国有林地被选中。选择评估的过程从未被公开，2012 年 9 月的一个早上，环境省副大臣横光克彦突然造访矢板市政府，通告了该地区被选为候选地的决定。面对如此荒唐粗暴的做法，市政府和市民们纷纷表示愤怒。不久民主党政府倒台，自民党重新执政，修改了选择评估的方法，一边听取各地方市町村长会议的意见，一边推进评估工作。但是，一旦候选地确定，被选定的地区便会强烈反对，选择评估环节中的各种问题也随之被爆出来。

在第一次评估过程中，盐谷町在七个被锁定的地区里分数排名倒数第二。环境省的评估认为："该地区属于鸟类和野兽保护区，地域条件不适宜作为放射性垃圾处理场""位于河流和悬崖附近，自然条件不适宜作为放射性垃圾处理场""沿河的地下水位很浅（地下水位浅，意味着地下水有被渗入和污染的风险）""水域和陆地之间形成了平缓的过渡带，自然整合度高，在这里修建放射性垃圾处理场会给动植物造成不小的影响"。

然而，第二次评估时，参考方法却发生了变化。在有可以利用的国有地和县有地的 15 个市町村中，除去应避免自然灾害的地区，以及应保全自然环境的地区，拥有 2.8 公顷以上土地面积的地区共 5 个。然后再进行民众"安心感"层面的评估，评估项包括"距村落居民区的距离""距自来水进水口的距离"等。经过打分评估，盐谷町得分最高，为 11.5 分。

环境省指定废弃物对策团队的清丸胜正科长助理对此做出说明："评价的方法和流程是向市町村长会议咨询，并取得同意的。在避开可能引发山体滑坡和泥石流等自然灾害的地区的基础上，选定了 5 个地区，在安全方面都没有问题。为了进一步评估，对'距离住宅区的远近''居民的安心感'等相关的四个项目进行了综合打分。"

但是，町长见形先生对此深表不解："第一次的打分项目中包括'是否临近河流''是否临近山崖'等，盐谷町的分值最低。但之后，这些选项从评价项目中删除，盐谷町的分值变成最高。难道环境省认为放射性垃圾处理场距离自己评选出来的优质泉水源头近也没关系吗？"

紧邻宫城县的拟建候选地发生山体滑坡

宫城县的国有林地也被选为拟建候选地。

环境省 2014 年 1 月，在保存有约 3300 吨指定废弃物的宫城县内，将栗原市、加美町和大和町选定为核污染垃圾最终处理场的候选地，环境省准备在地毯式的详细调查后，确定在其中一地建设放射性垃圾处理场。加美町明确声明表示"不接受任何单方面的详细调查"，并将本町与栗原市、大和町三市町全部同意接受详细调查作为允许环境省开展下一步行动的前提条件。之后，栗原市表示"岩手县和宫城县内陆地震时，在距候选地 4 公里的地方发生了大型山体滑坡，因此不宜在此修建垃圾处理场"，大和町表示"距离候选地 600 米远的地方是陆上自卫队王城寺原演习场，有飞来炮弹的危险"。

加美町田代岳的拟建候选地，位于海拔 650 米高的箕轮山山顶。在修建二石大坝时，将这里作为采石场全部削平，候选地东侧和南侧有山体滑坡的危险。环境省表示："拟建候选地并不属于滑坡灾害区"，但是从防灾科学技术研究所的山体滑坡分布图来看，候选地点周围确实有许多滑坡。

2014 年 6 月，东北大学（地质学专家）名誉教授大槻宪四郎先生考察该地区，提出了严肃的质疑："这个地区是一个主要的滑坡地带。一看就知道不合适，为什么要选择这里呢？真是难以置信。选址考察工作是认真在做吗？"

当地自治体政府非常不信任环境省。在地方政府的反复要求下，环境省才出示测量地图，看过地图的町长猪股洋文非常震惊，他说："地图上显示的候选地点是一个约1厘米的红点，根本无法确认现实地点。我们再三要求提供详细的地图，环境省在3个月后才给我们。经过我们的实际测量，发现土地面积根本不足环境省说的2.6公顷。我们指出这一点后，环境省却诡辩称'加上周边的防灾整备池和一条狭长的道路，面积可以确保'。"

之后，农协、工商会等当地46个团体组成"放射性废弃物最终处理场建设坚决反对协会"。会长高桥福继先生是距离候选地非常近的切入行政区的区长，同时本人是一名农业经营者，养了4头牛，种植80公亩水稻。他说："这一带是非常宝贵的水源地。一旦发生事故，后果不堪设想。"

加美四叶农业协作社的农产品销售部部长后藤利雄先生表示："大米经销商告诉我们，一旦最终处理场确定要建在这里，就不会再和我们交易。环境省口口声声说要确保水稻种植不受谣言的影响，但已经受到了影响，国家一点也靠不住。"

最终处理场和焚烧设施是否安全

环境省建立的最终垃圾处理场是一个被称为"阻断型"的、被混凝土包围的垃圾填埋场。清丸胜正科长助理强调了这种设计方式的安全性，"原本辐射在 10 万贝克勒尔以下的废弃物可以在铺有防水材料的管理型处理场内进行处理，而阻断型垃圾填埋场的安全级别非常高，之所以采用这种安全级别更高的方式，正是出于对水质污染的担心。混凝土很厚，即使发生大地震，也不会受到破坏"。

栃木县和宫城县计划安装焚化炉设施并将焚烧后的灰烬在最终处理场填埋。但是，在环境省过去的实验中，煤尘（飞灰）根据焚烧炉的构造不同，可以实现 17~33 倍的浓缩。栃木县的核污染废弃物辐射的平均浓度为 2.3 万贝克勒尔，因此，总量辐射值最大范围为 39 万 ~76 万贝克勒尔。

居民们担心废气作为放射性物质泄漏。虽然环境省一直强调"袋式过滤器可以收集 100% 的放射性废气"，但是核污染废弃物中掺杂了大量没有受到核污染的家庭生活垃圾，浓度大幅下降，之前并没有出现过焚烧几万贝克勒尔核污染废弃物的先例。

精通技术处理的大阪市立大学环境政策专业教授畑明郎元

指出："处理场的水泥一般几十年就会老化皲裂，不可能维持100年。一旦出现裂痕，放射性物质会泄漏污染地下水，并将进一步污染下流水域。铯的沸点较低，容易气化。焚烧设施的袋式过滤器能否实现100%的收集是一个问题。"

茨城县的14个地方自治体呼吁分散保管

在自然资源丰富的水源地修建放射性垃圾处理场的做法，必然会遭到反对。于是，自治体方面提出了一种等待铯自然衰变的"分散式保管"的方法。

2015年1月28日，茨城县召开了市町村长会议。环境省针对地方自治体开展的问卷调查的结果显示，在44个市町村中，主张"维持分散保管的现状"的有22个，主张"在一个地方设立最终处理场"的有12个。在会议上，日立市市长吉成明表示："在县内一个地方修建最终处理场的做法实现起来是极其困难的。正如谚语'不要把鸡蛋放在一个篮子里'，分散保管的做法是更为理想的。"北茨城市市长丰田稔表示："现在负责保管放射性废弃物的14个市町村应当集合起来，共同探讨解决方案。我主张维持现有的各地区继续分散保管。"会议上表示希望维持目前分散保管放射性废弃物的意见占了多数。

执着于将放射性废弃物存放在一个地方的环境省不能无视

这些意见，于是聚集目前负责保管约 3600 吨放射性废弃物的 14 个市町村召开会议，一起讨论。之前因被选定为拟建候选地而开展抗议活动的高萩市代市长小田木真告诉笔者："找到一个能够让民众普遍理解并接受的处理方法非常重要，所以目前只能分散保管。"

将千叶县东京湾东京电力公司的火力发电厂作为拟建候选地

环境省正在千叶县内选择候选地点，目前约 3600 吨核污染废弃物中的大部分都集中在东葛地区。2015 年 4 月，环境省选择面对东京湾、位于千叶市的东京电力公司的火力发电厂作为候选地点，并将这一决定通报给千叶县和千叶市。但是，千叶市居民的反对呼声非常强烈。6 月千叶市市长熊谷俊人以"选址方法不透明"为理由，要求环境省重新进行评估。

东葛地区的柏市、松户市和流山市维持目前暂时保管的状态，将放射性垃圾储存在焚烧设施内部的保管库里。在柏市南部清洁中心的场地内，存放着被称为"箱涵"（box culvert）的由水泥混凝土制造的临时保管库。核污染废弃物的焚烧灰被分装保存在大桶罐里，加厚的水泥混凝土阻断放射线穿透。废弃物处理政策科科长国井洁表示："我们每周在临时仓库附近进行两次检测，以确认安全性。我们还举行了各种说明会和参观活动，争取当地居民的理解。"

以上是东葛地区的三个城市的做法与经验。

起初，由于其他地区的核污染废弃物数量增加，保管变得越来越困难，于是由县营的手贺沼最终处理场（我孙子市、印西市）将一部分核污染废弃物保管在帐篷式的临时仓库里。但是，周围的居民结成"广域近邻居民联合会"质疑"为什么要将其他城市的废弃物放到我们身边"，向地方政府提出安全保管和清除垃圾的要求，并以公害调停为由与政府对簿公堂。结果，原计划在该地区安放的 2500 吨核污染废弃物减少为 526 吨，到 2015 年 3 月为止，这些垃圾已经到位。

联合会事务局局长小林博三津表示："这里的耕地分布广泛，附近有自然公园和高中。受污染的废弃物不应该转移到这里，应存储在安全的设施中。"

尽管目前 3 个城市都被定位为"找到最终处理场之前"的临时保管地。但如果取得居民同意的话，则可以实现长期存储。铯 134 的半衰期为 2 年，而铯 137 的半衰期为 30 年。2020 年放射性物质的量将减少到最初的四分之一。据说当辐射量下降到足够低时，也可以选择填埋的处理方式。

2012 年秋，栃木县矢板市成为候选地点时，矢板市和盐谷町等 4 个市町的相关负责人召开研究会，并在内部总结了存在的问题和应对方案。研究提议，由于尚未找到一种安全的方法来处理核污染废弃物，当前应当在推动技术开发的同时，在严格的管控下维持暂时保管的状态。研究会的一员表示："每个人都感到不安，因为这些核污染废弃物被藏在山上的隐蔽处。我认为放置在大家都可以看得到的地方，并且及时公开信息，反而有利于民众安心。"这些结论是工作在第一线的部门负责人绞尽脑汁思考的结果。

将最终处理场的名称更改为"长期管理设施"

由于存放核污染废弃物的地点选定工作迟迟没有进展，感到十分为难的环境省在 2015 年 4 月将"阻断型"最终处理场的名称更改为"长期管理设施"。这样做的目的是缓和那些被选为拟建候选地的地方政府和民众的抗议。据说环境省讨论提议将核污染废弃物储存 30 年，当铯浓度下降时，再将其转移到其他的垃圾填埋场，或用作可循环再造的材料用于路基建设等。

但是，环境省准备在垃圾处理场旁安装焚烧设施，将核污染废弃物燃烧后的数十万贝克勒尔的灰烬在处理场填埋。一下子引发了地方自治体政府更强烈的反对和抗议："如此高浓度的焚烧灰能送到哪里去？分明是骗小孩子的把戏"（加美町）、"换汤不换药的做法是行不通的"（盐谷町）。

循环回收也存在问题。环境省解释说："3000贝克勒尔以下的材料可以作为路基建材，上面盖上土，不用担心环境污染。"但是，工业废弃物在利用过程中有严格的"清单（管理票）制度"，可以准确地追踪每一个环节，而循环回收材料却没有相应的追踪和管理系统。正如本章所述，过去曾经发生过一些不法业者将工业废弃物伪装成可循环回收利用的材料，引发环境污染和非法丢弃事件。所以，轻易地将其作为可循环材料利用，将有可能造成污染进一步扩大。

表面上是中转存储设施，实际上是最终处理场

福岛县内超过10万贝克勒尔的核污染废弃物和除污过程中产生的土壤，预计总量处理空间将达到2200万立方米。环境省已决定在福岛第一核电站所在的大熊町和双叶町修建中转存储设施，2015年3月开始已经将一部分核污染废弃物搬进处理场。这是一个巨大的公共工程项目，占地面积1600公顷，土地征购费1000亿日元，建设费1兆日元。

虽然表面上是中转存储设施，但其结构与最终处理场完全

一样。如果是低污染度的土壤，则无须铺设防水布，直接掩埋盖土，中等污染程度的土壤和焚烧灰，则需要铺设防水布。这些核污染废弃物分别保存在稳定型处理场（前者）和管理型处理场（后者）。超过10万贝克勒尔辐射量的焚烧灰被保存在类似于"阻断型"处理场结构的设施中。环境省表示希望可以增建减量化处理设施，将已经填埋的垃圾挖出来重新进行减量化处理。但是，目前废弃物的最终处理场地尚未确定。

最初，环境省计划在福岛当地建造一个最终处理场。但是，福岛县政府表示抗议："如果建了，居民们就不会回到这里居住。"于是环境省决定将核污染废弃物临时存放30年，之后将其搬到外地的最终处理场。然后，环境省对根据中转存储事业特别法设立的关于成立从事日本环境安全等特殊业务公司的公司法进行修订，将事业名称变更为"中转存储·环境安全事业"。国家明确规定在中转存储开始后30年内，完成选择、修建县外最终处理场的准备工作。另外，决定2014年度的财政追加预算向县自治体政府和县内地方自治体政府拨款共计3010亿日元。最终，福岛县政府通过了环境省修建中转存储设施的计划。

尽管法律已经做出明确规定，但30年后真的会有地方自治体愿意接收那些需要最终处理的核污染废弃物吗？存储在青森县六所村的高等级核污染废弃物至今尚未找到最终处理场，可见答案不言而喻。大熊町和双叶町两地区广大的建筑占地，涉及超过 2000 人的土地所有权变更，达成最终协议可能要花费相当长的时间。

值得一提的是，这个庞大的项目造成了环境省管辖下的中转存储·环境安全事业的扩大化和臃肿化。其前身是环境事业集团，负责维护、修建国立公园，以及相关资金借贷。省厅机关重组时被废除，之后作为专门处理 PCB 废弃物的民营公司继续开展业务。大家原本认为 PCB 废弃物处理完成后，这家公司将再次面临改组，但核泄漏事故发生以后，该公司的预算和规模有所扩大。前环境省事务次官出任该公司副社长，公司再次处于环境省官僚的有力控制之下。

第五章

循环型社会与"3R"

在菲律宾，家电通过不断维修实现长期使用

重心从循环再造转移到减量和重复利用

环境省一直在大力宣传"3R"理念，即减量化（reduce）、重复利用（reuse）和循环再造（recycle）。首先，努力控制废弃物的产生，然后将使用过的商品重复利用以延长使用寿命，报废时进行循环再生，每个过程分别进行相应的适当处理，如此形成一套正确的使用顺序。

但是，到目前为止我们已经看到了大量的循环再生过程中的局限，环境省也意识到"减量化"和"重复利用"这"2R"的重要性，正在支持地方自治体围绕这两点开展相应的示范项目。

一直致力于促进废弃物循环再生的地方自治体也开始主打"2R"理念。

名古屋市制订的垃圾处理基本计划指出，"将垃圾和资源分类回收"的做法不仅耗资巨大，而且会产生二氧化碳，造成环境污染。为实现循环型社会，必须重视"从源头上切实减少垃圾产生和资源消耗"，强调重复利用与减量化的重要性。为了减少塑料购物袋的数量，政府与大约1200家商店（包括超市）签署了协议，向商家提供可重复使用的购物袋，鼓励二手旧货市场的经营，并提供有关二手用品店的信息。

但是，这种政策的缺点在于无法通过数字预测具体每种对策可以将垃圾减少到多少。垃圾减量推进室的负责人吉原纯一表示："不购买容易变成垃圾的商品，而是购买能够长时间使用的商品，这是关系到每个市民消费意识的问题，很难制订具体计划。"

京都市也非常重视"2R"，2015 年导入了一项要求相关业者对"2R"情况定期报告的制度。负责人表示："尽管向市民广泛呼吁'2R'，但是很难检测取得多少实际效果。因此为了保证政策的实效性，专门导入了这项制度。"

在自治体垃圾减量工作中，循环回收确实是最有效果的，但正如笔者之前介绍过的，20% 左右的循环回收率已经是峰值了。最近，很多自治体不断强调"2R"，并不是因为没有东西可以循环回收，而是因为财政方面无法负担。

但是，为了推进包括循环回收在内的"3R"，必须采取综合措施。当然，来自市民的不购买多余商品并且不浪费商品的努力是必不可少的，但更需要的是一种能够从上流源头抑制、减少垃圾产生与排放的机制，即生产制造者必须设计出不太容易淘汰成为垃圾的商品，并在生产过程中积极利用可再生资源。2000 年制定的《循环型社会形成推进基本法》明确了从减少垃圾产生量到采取相应处理手段的优先顺序，以及商品制造者在商品成为废弃物之后都承担有一定责任的"扩大生产者责任"（制造者责任），以此实现可以有效节约并利用资源的循环型社会。

虽然这是一部非常有意义的法律，但是正如第二章中介绍的，由于各政府部门之间的利益纠葛，以及相关利益者的态度，很多具体的循环再生法案难以有效实施，于是该基本法也无法发挥预期的效果。

化为泡影的另一个循环型社会法案

在此我们回顾一下《循环型社会形成推进基本法》的制定过程。

第一个真正进行议员提案立法的是公明党。1999 年秋天，在公明党的呼吁下，公明党、自民党和自由党三党成立了项目小组（PT）。曾经是在野党的公明党，此时正面临与自民党组成联合政府，"将 2000 年定为环境元年"的提案成为两党合作参政的一项议题。尽管《容器包装回收法》等回收法已经不断完善，但尚无统括废弃物和循环回收的法律。环境厅于前一年准备拟定一部基本法，但未能取得通商省的同意，只得以"省厅部门重组时，废弃物处理法的管辖将从厚生省转移到环境省"为理由，决定推迟。但是，自民党指示环境厅不管 PT 统一计划案如何，准备一份自民党的专属法案草案，于是环境厅开始着手拟定法案。

不久，这项法案由内阁提出立法（内阁立法），而政府法案和旨在议员立法的公明党法案展开对决。

公明党法案以众议院议员大野由利子和田端正广为中心，同时利用私人关系获得了环境省官僚的协助。该法案覆盖了广泛的领域，为了实现可再生资源的循环利用和自然环保，力图确保对环境的改变达到最小化。同时设立监督循环型社会形成推进计划进展的第三方机构，并设定计划目标值。

但是，由于各省厅单位不喜欢其他部门进入自己管辖的领域，只在规定了向国会提交计划报告的义务等方面做了小幅修改，便作为政府方案提交国会审议，2000年该法案获得了除民主党的多数赞成票，顺利通过。原本公明党法案中没有的生产业者的"扩大生产者责任"被写入政府法案，虽然形式尚不完整。负责法案制定的核心人员前环境部门官员伊藤哲夫当时充满期待地表示："通过写入关于回收责任的条文，能够对其他回收法产生影响。"在此过程中，涉及垃圾处理领域的各种组织和团体充分体现了存在感，他们积极发表意见，制定应对方案，并与议员沟通协商，一致行动。令人遗憾的是，此后该运动热潮迅速衰退。

期待实现的扩大生产者责任难以落实到位

为了具体落实该法律中强调的"扩大生产者责任",环境省曾经试图修订《废弃物处理法》。1991 年对《废弃物处理法》进行修订时,厚生省试图将地方自治体政府难以处理的废弃物定义为"难以适当处理废弃物",由生产业者进行专业处理。然而由于生产业界的抵制,未能实现。在省厅机构重组时,环境厅升格为环境省,主管《废弃物处理法》的环境省试图实现这一机制。

2002 年,饭岛孝出任环境省废弃物·循环再生对策部部长,开始积极推进落实"扩大生产者责任"。看到各个循环回收法与业界的紧密联系,京都大学教授植田和弘告诉笔者:"这简直就是各种回收产业促进法。"饭岛孝认为与其分类制定新法律,不如根据《废弃物处理法》确定废弃物的种类,让相关业者回收,如此一来效率更高,也容易得到市民的理解。

于是,饭岛孝联合经团联,由环境省工作人员与经团联干部共数十人在静冈县御殿场市举办夏令营,对法案的推广进行解释说明。修订法案规定,环境省以政令的形式对市町村处理设施无法处理的废弃物进行定义,制造者和使用者必须采取适当的回收、循环、处理等必要措施。相关业者不遵守规定时,环境省将予以劝诫，在企业依然不遵守的情况下，环境省有权责令企业整改。

饭岛孝为了说服经团联，特别准备了经团联想要的放宽对废弃物处理管制的目录清单，即所谓的"胡萝卜加大棒"。在此基础上，与经团联废弃物回收部会长、鹿岛建设公司副社长庄子干雄进行交涉。据饭岛孝和当时的相关人士说，庄子干雄先生接受了环境省的提议，说服了持有不同意见的公司，达成了一致。庄子干雄先生一直支持国家的废弃物处理政策，在经团联中是一位不可多得的人物，这次也可谓是不负众望。

在获得经产省的批准后，内定于 2003 年 3 月提交国会审议。环境省负责官员决定举行一次恳谈会，以表达对庄子干雄先生的谢意。然而，庄子干雄先生没有出席，作为经团联代表出席的是一家炼钢公司的高管，他向饭岛孝表示"经团联不认同生产业者应该承担回收责任"。

本来已经同意的经产省也突然改变态度，要求在法案中加入由经产省大臣和环境省大臣共同制定回收物品清单的条文。

饭岛孝先生在向笔者介绍了这一系列的经过后，表示："在前期工作已经完成，即将向国会提交的前夕，被撤掉梯子的做法实在令人无法接受。庄子干雄先生告诉我他准备辞去经团联内部的职务，以对此事负责。我拼命阻拦他不要提交辞呈。我怀疑是经产省背地里向经团联施压，才会出现这样的反转。"

于是，向国会提交的修订后的废弃物处理法案中不包含关于"难以适当处理废弃物"的任何规定。同年 6 月的众议院环境委员会上，庄子干雄作为知情证人出席。公明党议员福本润一提问："您对'扩大生产者责任'这一制度性补充有何看法？如今，这一制度性补充被推迟，您对目标废弃物的种类规定有何建议？"庄子干雄回答："我认为最终必须由生产业者来承担废弃物的回收与处理责任。但是，就目前而言，根据处理对象的种类不同，生产业者内部意见也不统一，应分阶段应对处理。"

饭岛孝听了这次众议院环境委员会上的答辩之后，次月便离职前往国立环境研究所担任理事。退休后，他被分配到环境省的一个外围组织任职，2014 年 8 月突然去世。

《废弃物处理法》与《资源有效利用促进法》的统合

饭岛孝先生在担任环境省废弃物·循环再生对策部部长时，曾经有一个很大的构想，就是要将环境省管辖的《废弃物处理法》和经产省管辖的《资源有效利用促进法》统合在一起。

饭岛孝先生说："曾经就此事和经产省商议，结果被拒绝。

《废弃物处理法》中有很多规定限制和义务，他们担心两部法律整合之后，自己会吃亏。"

德国有一部《循环经济与废弃物法》（1994年制定，即现行的《循环经济法》）。法律的目的在于通过废弃物处理，节省资源和能源，以及强化商品制造者设计短时期内不会被淘汰成为垃圾的产品的责任，从而实现循环型经济。

在日本，需要从大视野出发综合法制化的角度，进行全方位立法，但这种观点很快被环境省自己制定的循环回收法所取代。《小型家电回收法》就是这样诞生的。

在立法过程中，环境省与审查法案的内阁法制局之间进行了这样的交流。

2011年12月7日。

法制局："在（法制局的）干部会上，你们讲过通过修改《资源有效利用促进法》无法推动具体法案的落实。我们重新读了相关条文，不明白为什么不行？（中略）。"

环境省："因为《废弃物处理法》中没有将回收小型家电作为特例免于处理的规定。"

法制局："如果想做的话，就可以做""《资源有效利用促进法》的核心在于，（中略）形成一套严格的管理制度。《小型家电回收法》的规定有些宽松（中略）。"

环境省："没有明确的根据。(《小型家电回收法》中）原本依赖的市町村分类回收计划在法制局的审查过程中失效了。"

经产省固守旧法，丝毫没有改革的积极性，环境省对此感到非常焦急，为权限有放大之嫌的新法积极奔走。"回收的世界"愈发复杂化。

早稻田大学环境法专业的大塚直教授在著作《环境法》一书中提出："基本法奠定了相关的整体法治框架，这一点是非常值得称道的，但是由于在具体规定方面有所欠缺，所以个别法的制定与修改是必不可少的。(中略）今后，(在很长一段时间里）应当着力于统合《废弃物处理法》和《资源有效利用促进法》。"

"3R"理念能否与焚烧设施共存

为了推广"3R"理念，环境省每年10月召开"3R推进全国大会"，以表彰在回收利用和垃圾减量方面做出成绩的企业、团体和个人。目的在于分享经验，为社会提供一个反思生活方式的机会。

在2004年的海岛峰会上，政府提出"3R行动计划"，启动"3R行动主导权"，制订具体行动计划，向亚洲各国传播日本的经验和技术。

另外，政府正试图将日本的静脉产业扩展到亚洲地区。根据环境省的《日本静脉产业专业海外扩展促进战略与管理业务报告书》，迄今为止，日本在亚洲废弃物处理领域的主要业务扩张是建造焚烧炉处理设施，但订单数量很少。在这一领域，拥有超过数千亿乃至 1 万亿日元销售额的欧美跨国公司颇具影响力，他们专业负责从建设到长期管理的每个环节，在焚烧设施、沼气设施，以及机械生物处理设施（MBT）等很多领域拥有先进的技术。

该报告书提议，由于在高收入国家和地区的业务扩展不敌欧美企业，可以重点关注其他地区，提高民众对焚烧垃圾处理方式安全性的理解。但是，由于成本高、处理方式复杂多样，以及综合管理能力低下等原因，日本企业的优势较小。相反，应该像欧美企业那样，不局限于焚烧设施，而是在推动实现资源有效利用的工厂和设备的开发、维修与销售方面投入精力，以此扩大市场份额。

报告书中的提议，关系到对国内焚烧设施高度产业化的业界的重新定位。最近环境省开始将装有发电装置的焚烧设施称为"热能回收设施"。不仅将废弃物进行合理化处理，而且充分利用其发电，作为一项应对地球温室效应的方案，可以大量削减二氧化碳的排放量。通过垃圾处理获得的电能，适用于

FIT 的话，可以以平均 17 日元（税后）/ 千瓦时的价格销售。

改变以往单纯的焚烧方式，而将小型焚烧处理设施合并，实现高效能垃圾发电，看似是一种很理想的选择。但是，熟悉这个问题的循环资源研究所所长村田德治表示："在德国和其他国家，焚烧设施不仅用于发电，而且以热能利用为目的，铺设管道向住宅和工厂供热。但是在日本，焚烧设施的主要目的是处理垃圾，并没有充分利用在供热方面，厂房都修建在远离住宅区和工厂的偏远地区，大量热能被白白浪费。而且，焚烧设施要为处理排放废气而向环境部门缴纳大量的费用，因此即使拥有发电设施，也很难讲能为建设循环型社会做贡献。"

本书在第四章中介绍了以沼气化处理为例的很多新的垃圾处理方式，占据垃圾总量大半的可燃垃圾中包含很多可以再生利用的资源。以焚烧为主的垃圾处理体制一直持续的话，"3R"型环保社会是不可能实现的。国家在重新定位回收循环利用的意义，推动垃圾减量化的同时，改变以往的垃圾处理方式，充分有效利用垃圾中包含的资源，促进静脉产业的发展壮大。广大市民在积极参与垃圾减量化工作的同时，也应当向政府和地方自治体提出政策谏言。这难道不恰恰是现在最需要的吗？

后　记

　　垃圾＝废弃物，是我们身边熟悉的存在。但是家庭排放的垃圾被运到哪里，被怎样处理等问题未必是每个人都清楚的。因此，以"垃圾的下落"为关键词，以走访全国的垃圾回收设施、处理设施，以及山区非法丢弃现场写成的报告为横轴，以二十余年关注废弃物行政管理的历史为纵轴，全方位描绘一幅立体画面，本书正是为实现这一目标而撰写的。

　　以垃圾问题为主题进行采访的契机是笔者当报社记者时遇到的非法倾倒工业废弃物事件。在 1990 年代，全国各地陆续发生了很多非法倾倒垃圾的事件。当时笔者到岐阜县的现场采访时，看到轮胎和废木料堆积如山，由蓄热引发自燃的火灾刚刚被扑灭，不时有浓烟升起。在香川县丰岛，全岛的居民都在举行抗议活动，要求政府清除当地非法倾倒的大量工业废弃物。

当时，民众经常针对政府兴建垃圾填埋场和焚烧处理设施举行抗议活动。最多的时候，全国超过 300 起。这与当时国家、地方自治体大力推动循环回收与垃圾减量工作有关，随后出现了大量专业的垃圾回收公司。

然而，回收业界已经对各种回收法律产生依赖性，成为既得利益者，似乎循环回收已经从垃圾减量化的"手段"转变为"目的"。另外，由于垃圾不断减少，有很多地方自治体的焚化设施甚至出现没东西可烧的情况。

日本一直以来的垃圾处理方式都是以焚烧为主，今后是否会持续这种处理方式，或者选择其他路线？德国的尝试应该对我们有很大的借鉴意义。

关于若干法律的制定过程，笔者结合通过申请信息公开获得的资料、单独获得的内部资料，以及相关人士的证言，描绘出了立法背后的舞台内幕。官方往往不会公开不利于他们的信息。笔者试图通过解析有关部委和机构之间的交涉互动，向读者揭示表面背后的真相。

另外，笔者在本书中介绍了以前从未接触过的关于垃圾处理的"二手商品世界"。笔者为探明实际情况，实地考察了菲律宾的二手家电零售店，并且搭乘了国内回收业者的卡车一起参与二手商品回收。虽然二手商品重复利用与废弃物循环回收两个领域存在一定的竞争，但笔者认为，为了加速实现资源循环型社会，两个领域的责任分担与共存是至关重要的。

在本书最后一章中介绍了饭岛孝先生，作为环境省的官员，他力图实现让生产业者承担废弃物回收责任，即"扩大生产者责任"。他喜欢喝酒，笔者与之相处非常融洽。他朝着目标奋勇直前的精神，远远超越了那些奉行"多一事不如少一事"原则的官僚们不作为的办公方式。

笔者在全国各地进行了大量采访，本书只收录了其中部分材料，笔者认为法律政策中应该更多地反映面临垃圾处理问题的地方自治体政府、企业以及广大民众的声音。

接受笔者采访的人有很多，虽然不能逐一提及他们的名字，但在此要向他们深深地表示感谢。面对笔者尖锐的问题和严厉的意见，他们都给予真诚的回应。这可能是因为尽管观点和思维方式不同，但是大家在改善环境问题上的立场是一致的。

此外，本书中还包含了一部分笔者在《月刊治理》和《世界》等杂志上曾经发表的文章。

本书中出现的人物身份和职务，均以采访时间点为准。

　　感谢本书出版过程中提供宝贵建议的岩波书店的各位
同仁。

2015 年 5 月 31 日

杉本裕明

参考文献

序章

大塚直『環境法』有斐閣，第一版 2002 年，第三版 2010 年。

廃棄物・3R 研究会編『循環型社会 キーワード事典』中央法規出版，2007 年。

第一章

「天下逸品 ヤマが基盤の錬金術師」『朝日新聞』2013 年 10 月 15 日夕刊。

第二章

九州テクノリサーチ『平成 24 年度廃ペットボトルの海外流出を抑止するための国内循環物量強化方策検討業務調査報告書』環境省，2013 年。

生活環境審議会，厚生省生活衛生局水道環境部監修『包装廃棄物新リサイクルシステム』ぎょうせい，1994 年。

寄本勝美『政策の形成と市民 容器包装リサイクル法の制定過程』有斐閣，1998 年。

大塚直「容器包装リサイクル法の見直しについて」『廃棄物資源循環学会誌』2014 年，Vol.25，No.2。

森口祐一「容器包装等のプラスチックの 3R の課題と展望」『廃物資源循環学会誌』2010 年，Vol.21，No.5。

森口祐一「循環型社会から廃プラスチック問題を考える」『廃棄物学会誌』2005 年，Vol.16，No.5。

本田大作「効率化と高度化を目指した新たな材料リサイクルの制度化の提言」『廃棄物資源循環学会誌』2014 年，Vol.25，No.2。

「異議あり プラスチックごみは，もっと燃やせ」『朝日新聞』2010 年 7 月 24 日朝刊。

青島矢一，鈴木修『一橋大学 GCOE プログラム 日本企業のイノベーション──実証経営学の教育研究拠点プロジェクト 新日本製鐵コークス炉原料化法による廃プラスチック処理技術の開発と事業化』2013 年。

第三章

皆木和義『ハードオフ　究極のローコスト経営——失敗が教えた「勝つための経営哲学」』ダイヤモンド社，2002 年。

坂本孝，松本和那，村野まさよし『ブックオフの真実　坂本孝ブックオフ社長，語る』日経 BP 社，2003 年。

戸部昇『リターナブルびんの話　空きびん商百年の軌跡』リサイクル文化社，2006 年。

小林茂『中古家電からニッポンが見える』亜紀書房，2010 年。

窪田順平編『モノの越境と地球環境問題　グローバル化時代の〈知産知消〉』昭和堂，2009 年。

吉田綾，寺園淳ほか『アジア地域における廃電気電子機器の処理技術の類型化と改善策の検討』国立環境研究所ほか，2012 年。

寺園淳ほか『アジア地域における廃電気電子機器とプラスチックの資源循環システムの解析』国立環境研究所ほか，2008 年。

日本磁力選鉱『フィリピンにおける電気電子機器廃棄物のリサイクル事業に関する実施可能性調査報告書』経済産業省，2014 年。

第四章

　　東京都清掃局『東京都清掃事業百年史』東京都環境整備公社，2000年。

　　杉本裕明『官僚とダイオキシン　"ごみ"と"ダイオキシン"をめぐる権力構造』風媒社，1999年。

　　杉本裕明，服部美佐子『ゴミ分別の異常な世界　リサイクル社会の幻想』幻冬舎，2009年。

　　服部美佐子，杉本裕明『ゴミ処理のお金は誰が払うのか　納税者負担から生産者・消費者負担への転換』合同出版，2005年。

　　杉本裕明『赤い土　フェロシルト——なぜ企業犯罪は繰り返されたのか』風媒社，2007年。

　　畑明郎，杉本裕明編『廃棄物列島・日本　深刻化する廃棄物問題と政策提言』世界思想社，2009年。

　　杉本裕明「協働＆広域　エコガバナンスの時代へ」『月刊ガバナンス』2005年12月号，ぎょうせい。

　　杉本裕明「『環境』で自治体が変わる」『月刊ガバナンス』2010年9月号，12月号，ぎょうせい。

　　日本生産性本部『平成25年度欧州における廃棄物処理・

リサイクル政策等調査事業報告書』経済産業省，2014 年。

　　三菱総合研究所『平成 24 年度環境問題対策調査等委託費容器包装リサイクル推進調査　容器包装リサイクル制度を取り巻く情報調査・分析事業報告書』経済産業省，2013 年。

　　日本容器包装リサイクル協会『欧州（EU，ドイツ，ベルギー，フランス）におけるプラスチック製容器包装リサイクル状況調査報告書』2007 年。

　　アーシン『平成 22 年度環境省委託業務　国内外における廃棄物処理技術調査業務報告書』環境省，2011 年。

　　杉本裕明『環境省の大罪』PHP 研究所，2012 年。

　　「独仏韓　ごみ最前線」（連載 1 と 2）『朝日新聞』2006 年 6 月 23 日，24 日夕刊。

　　杉本裕明「迷走する環境省」『世界』2013 年 2 月号，3 月号，岩波書店。

　　杉本裕明「行き詰まった汚染廃棄物の処分」『世界』2015 年 7 月号，岩波書店。

第五章

　　田端正広『循環型社会　いま，地球のためにできること』ヒューマンドキュメント社，2000 年。

循環型社会法制研究会編 『循環型社会形成推進基本法の解説』ぎょうせい，2000 年。

三菱総合研究所 『平成 24 年度日系静脈メジャーの海外展開促進のための戦略策定・マネジメント業務報告書』環境省，2013 年。

この他，環境省や廃棄物・リサイクルの関連団体，企業のホームページ，環境省や経済産業省，農林水産省への情報公開請求で開示された資料などを参考にしました。

图书在版编目（CIP）数据

　　垃圾去哪了：日本废弃物处理的真相 / (日) 杉本
裕明著；暴凤明译. -- 北京：社会科学文献出版社，
2021.6（2024.11重印）
　　ISBN 978-7-5201-8088-7

　　Ⅰ.①垃…　Ⅱ.①杉…　②暴…　Ⅲ.①废物处理-研
究-日本　Ⅳ.①X7

中国版本图书馆CIP数据核字（2021）第047208号

垃圾去哪了：日本废弃物处理的真相

著　　者 / 〔日〕杉本裕明
译　　者 / 暴凤明

出 版 人 / 冀祥德
责任编辑 / 杨　轩
文稿编辑 / 梁力匀
责任印制 / 王京美

出　　版 / 社会科学文献出版社　（010）59367069
　　　　　　地址：北京市北三环中路甲29号院华龙大厦　邮编：100029
　　　　　　网址：www.ssap.com.cn
发　　行 / 社会科学文献出版社　（010）59367028
印　　装 / 三河市东方印刷有限公司

规　　格 / 开　本：889mm×1194mm　1/32
　　　　　　印　张：8　字　数：144千字
版　　次 / 2021年6月第1版　2024年11月第2次印刷
书　　号 / ISBN 978-7-5201-8088-7
著作权合同
登 记 号 / 图字01-2020-2780号
定　　价 / 69.00元

读者服务电话：4008918866